Diese Mitteilungen setzen eine von Erich Regener begründete Reihe fort, deren Hefte am Ende dieser Arbeit genannt sind.

Bis Heft 19 wurden die Mitteilungen herausgegeben von J. Bartels und W. Dieminger. Von Heft 20 an zeichnen W. Dieminger, A. Ehmert und G. Pfotzer als Herausgeber.

Das Max-Planck-Institut für Aeronomie vereinigt zwei Institute, das Institut für Stratosphärenphysik und das Institut für Ionosphärenphysik.

Ein **(S)** oder **(I)** beim Titel deutet an, aus welchem Institut die Arbeit stammt.

Anschrift der beiden Institute:

3411 Lindau

ZUR MODULATION

DER KOSMISCHEN STRAHLUNG

von

HANS-JÜRGEN MÜLLER

ISBN-13: 978-3-540-04268-6   e-ISBN-13: 978-3-642-88747-5
DOI: 10.1007/978-3-642-88747-5

Inhaltsverzeichnis

1. Einleitung .... Seite 5
   1.1 Kurze Beschreibung der beobachteten Modulationseffekte 5
   1.2 Allgemeine Erfordernisse zur Interpretation der Modulationserscheinungen 6
   1.3 Ausgangspunkt und Ziel der vorliegenden Arbeit 7

2. Berechnung der differentiellen und integralen Spektren der Kosmischen Strahlung und deren Vergleich mit den Messungen 8
   2.1 Herleitung der Grundgleichungen 8
   2.2 Zur Anpassung der berechneten Intensität an die gemessene 11
   2.3 Die integralen und differentiellen Spektren der Kosmischen Strahlung 13

3. Zur Abhängigkeit von Forbush- und Langzeiteffekten in der sekundären Neutronenintensität von dem Parameter μ 14

4. Herleitung einer Erzeugungsfunktion (Specific Yield Function) 17

5. Untersuchungen über Tagesgänge in der Kosmischen Strahlung und deren Interpretation im Rahmen der E-Feld-Hypothese 19

6. Zusammenfassung 24

7. Summary 25

Anhang I : Zur Herleitung des differentiellen und integralen primären Spektrums der Kosmischen Strahlung nach EHMERT .. 26

Anhang II : Zur Berechnung der Erzeugungsfunktion (Specific Yield Function) 28

Literaturverzeichnis 30

Abbildungen .... 32 ff.

1. Einleitung

1.1 Kurze Beschreibung der beobachteten Modulationseffekte

Unter der Modulation der galaktischen Kosmischen Strahlung (K.-S.) versteht man deren zeitliche Intensitätsänderung unter der elektromagnetischen Wirkung der von der Sonne emittierten Plasmawolken.

Die wichtigsten Modulationserscheinungen sind:

1) **Ein Modulationseffekt mit etwa 11-jähriger Periodendauer (Langzeiteffekt).**

   Die Intensität der Kosmischen Strahlung ändert sich dabei nahezu antiparallel zur mittleren Sonnenfleckenzahl, die ein rohes Maß für die Stärke der Plasmaemission der Sonne ist. Polstationen beobachten in der Neutronen-Sekundärkomponente zwischen Sonnenflecken-Minimum und -Maximum einen Intensitätsunterschied von etwa 20 - 25%. Der entsprechende Intensitätsunterschied in der Mesonenkomponente beträgt 4 - 5%.

2) **Der sogenannte Forbush-Effekt (F.-E.)**

   Forbush-Effekte werden beobachtet, wenn eine solare Plasmawolke die Erde umströmt und einhüllt. Hierbei fällt die Intensität der K.-S. über einige Stunden hinweg steil ab. Bei starken F.-E. beträgt in polaren Breiten der gesamte Intensitätsabfall in der Neutronenkomponente 10 - 15% des Ausgangswertes (gegenüber 5 - 7% in der Mesonenkomponente). Der anschließende Intensitätsanstieg zum Ausgangswert erstreckt sich über mehrere Tage.

3) **Tagesgänge**

   Es handelt sich um Intensitätsschwankungen mit etwa eintägiger Periode, deren Größe in der Neutronen- und Mesonenintensität in mittleren geomagnetischen Breiten einige Prozent des Tagesmittelwertes ausmacht. Tagesgänge entstehen auf Grund der Erdrotation, falls die Modulation der K.-S. von der Erde aus gesehen nicht völlig isotrop erfolgt, so daß aus einem Bereich des interplanetaren Raumes mehr Partikel zur Erde kommen als aus den übrigen.

4) **Modulationseffekte mit etwa 27-tägiger Wiederholungsneigung**

   Es handelt sich dabei um kleinere Effekte, die meist statistisch mittels der "Methode der überlagerten Epochen" herausgearbeitet werden müssen. Sie treten auf, falls aktive Zentren auf der Sonne ihre Emissionsaktivität eine oder mehrere Sonnenrotationen behalten.

5) **Modulationseffekte verbunden mit Änderungen in der magnetischen Abschneideenergie**

   Unter der Annahme, daß sich das Erdmagnetfeld durch ein Dipolfeld annähern läßt, zeigte STÖRMER 1907 (vgl. [STÖRMER, 1955]), daß sich für jeden Ort auf der Erde und jede Einfallsrichtung der K.-S. eine Energie angeben läßt, die ein K.-S.-Teilchen mindestens haben muß, um die Erdoberfläche zu erreichen. Allgemein ist diese Minimalenergie abhängig von der Stärke und der Struktur des erdmagnetischen Feldes.

   Strömt eine solare Plasmawolke gegen das erdmagnetische Feld an, so werden an der Oberfläche dieser Wolke Ströme induziert. Das Magnetfeld dieser Ströme überlagert sich dem Erdmagnetfeld und kann dadurch zu einer Änderung der magnetischen Abschneide-Energie führen, wodurch Intensitätsschwankungen der K.-S. auf der Erde auftreten können. Die Größenordnung dieses Effektes hängt von der Struktur und der Stärke der zusätzlichen Magnetfelder ab und ist im einzelnen schwer zu berechnen. Unter vereinfachenden Annahmen erhält man für mittlere Breiten eine

Intensitätsänderung in der Neutronenkomponente von einigen Prozent, falls sich die Magnetfeldstärke an einer Äquatorstation um 300γ ändert [KONDO und NAGASHIMA, 1960 ; DORMAN, 1961]. FABIAN [1962] findet für Weissenau in der sekundären Neutronenkomponente eine Intensitätsänderung, die gegenphasig zur halbjährigen Schwankung des magnetischen Ringstromfeldes erfolgt ; die Amplitude dieser halbjährigen Intensitätsschwankung beträgt 1% bei 25γ Magnetfeldänderung in Huancayo.

6) In selteneren Fällen emittiert die Sonne Protonen mit Energien bis zu einigen 10^9 eV (das entspricht dem unteren Energiebereich der K.-S.)

Die auf Grund dieser solaren Zusatzstrahlung beobachtete Intensitätserhöhung der K.-S. hängt in ihrem zeitlichen Verlauf von den elektromagnetischen Bedingungen im interplanetaren Raum ab. Der bisher größte derartige Effekt wurde am 23. Februar 1956 beobachtet. Damals registrierten manche Stationen in der Neutronenkomponente für einige Stunden eine Intensitätserhöhung der K.-S. bis zu 2000 % [EHMERT, 1962].

1.2 Allgemeine Erfordernisse zur Interpretation der Modulations - erscheinungen

Eine Erklärung der unter 1) bis 3) genannten Modulationseffekte erfordert die Kenntnis der elektromagnetischen Einflüsse, unter denen die K.-S. im interplanetaren Raum steht. Messungen, die mit von Raketen abgeschossenen Raumsonden im interplanetaren Raum durchgeführt wurden, haben bisher nur spärliche Information hierüber liefern können. Als gesichert können die folgenden Plasmaeigenschaften gelten :

Die solaren Plasmawolken stellen ein quasineutrales Gas dar, das hauptsächlich aus Protonen und Elektronen besteht, die sich im Mittel mit Geschwindigkeiten von 300 - 700 km/sec durch den interplanetaren Raum bewegen [SNYDER und NEUGEBAUER, 1964]. (Jedoch sind auch Geschwindigkeiten von einigen 1000 km/sec gemessen worden). Die mittlere Teilchendichte in der Plasmawolke beträgt 1 bis 10 cm^{-3}, der mittlere Durchmesser einer Plasmawolke dürfte in der Größenordnung von 10^{12} cm liegen [CHAPMAN, BARTELS, 1951 ; DORMAN, 1957]. In diesen Wolken mißt man Magnetfelder von etwa $1 - 10\gamma$, die vermutlich durch Ströme in den Plasmawolken erzeugt werden. Da sich diese Magnetfelder mit den Plasmawolken durch den interplanetaren Raum bewegen, "sieht" ein Beobachter auf der Erde außer den Magnetfeldern noch elektrische Felder [ALFVÉN und FÄLTHAMMAR, 1963].

Elektrische Felder im interplanetaren Raum zu messen, ist bisher experimentell nicht gelungen. Die gemessenen Magnetfelder schwanken in Größe und Richtung stark, dabei ist es mit nur einer Sonde schwer, räumliche und zeitliche Schwankungen voneinander zu trennen. WILCOX und NESS [1965] glauben jedoch, eine Vorzugsrichtung des interplanetaren Magnetfeldes nachgewiesen zu haben, die in Erdnähe etwa $40^o - 50^o$ westlich der Erd-Sonnenlinie verläuft. Eine derartige Vorzugsrichtung des interplanetaren Magnetfeldes ist vielfach gefordert worden, um Meßergebnisse der unter 6) genannten solaren Zusatzstrahlung interpretieren zu können ; auch das Auftreten von Tagesgängen dürfte durch ein derartiges Magnetfeld bedingt sein (vgl. Kap. V).

Der unter 5) genannte Modulationseffekt verlangt eine Theorie der Wechselwirkung des solaren Plasmas mit der Magnetosphäre der Erde ; diese Theorie wäre dann auch eine Theorie des erdmagnetischen Sturmes. Es gibt zahlreiche Arbeiten über dieses Gebiet. (Vgl. [AKASOFU, 1966]). Um jedoch die verschiedenen Hypothesen prüfen zu können, wäre eine Vermessung des Erdmagnetfeldes in der Magnetosphäre zur Zeit eines magnetischen Sturmes erforderlich. Die Messungen müßten großräumig, d.h. mit vielen Satelliten gleichzeitig durchgeführt werden, und das ist bisher nicht geschehen.

Eine Deutung der Meßergebnisse des zeitlichen Intensitätsverlaufs der unter 6) genannten solaren Zusatzstrahlung erfordert die Kenntnis der Ausbreitungsbedingungen der solaren Partikel im interplanetaren Raum. Die Theorie dieses Effektes ist also eng verknüpft mit einer Theorie zur Erklärung der Modulationsereignisse 1) bis 3). Erfolgversprechend scheint ein Vorschlag von KRIMIGIS [1965] zu sein. Nach seiner Vorstellung kann man die Ausbreitung der solaren Partikel als Diffusionsproblem behandeln, wobei inhomogene Magnetfelder, die sich in mittleren Abständen von 0,05 A.E. im interplanetaren Raum befinden, als Streuzentren auf die K.-S. Partikel wirken.

1.3 Ausgangspunkt und Ziel der vorliegenden Arbeit

Die Untersuchungen der vorliegenden Arbeit werden sich nur auf die ersten drei der aufgeführten Modulationseffekte beziehen. Der unter 4) genannte Effekt scheint hinreichend unbedeutend und durch die Rotation einer langdauernd-aktiven Region auf der Sonne erklärt. Der wichtige unter 5) genannte Effekt soll in einer späteren Arbeit behandelt werden.

Es gibt heute noch keine allgemein anerkannte Theorie zur Modulation der K.-S.. QUENBY [1964] hat die verschiedenen Modulationstheorien, die zu den Effekten 1) und 2) vorgeschlagen wurden, kritisch untersucht und findet, daß keine von ihnen alle Beobachtungsergebnisse befriedigend erklären kann. Am meisten Beachtung finden heute die Vorstellungen von PARKER [1965]. Nach PARKER müssen die K.-S.-Teilchen durch die Magnetfelder des interplanetaren Raumes diffundieren, wobei, wie auch bei KRIMIGIS, die inhomogenen Magnetfelder als Streuzentren wirken. Dabei werden die K.-S.-Teilchen von den Magnetfeldern, die sich mit den Plasmawolken von der Sonne fortbewegen, teilweise mitgeführt. An Variablen enthält die Theorie unter anderen die mittlere freie Weglänge der K.-S.-Teilchen zwischen zwei Streuzentren, die Größe des Diffusionsgebietes und die Konvektionsgeschwindigkeit der Magnetfelder. WEBBER und McDONALD [1964] zeigten jedoch, daß auch diese Theorie trotz der Vielzahl ihrer Parameter nicht immer gute Übereinstimmung von Theorie und Experiment liefert.

NAGASHIMA [1951, 1953] versuchte, die Modulation der K.-S. durch den Energieverlust der K.-S. in einem elektrischen Feld zu erklären. Nach NAGASHIMA war ein geozentrisches elektrisches Feld erforderlich, um während magnetischer Stürme für die Stabilisierung des äquatorialen Ringstromes zu sorgen. Als mit Pioneer V und Explorer VI [FAN et al., 1960] die Intensität der K.-S. in Entfernungen bis zu 300 Erdradien gemessen wurde, fand man eine Intensitätsabnahme der K.-S. in Richtung auf die Sonne von etwa 10%/A.E., außerdem registrierte man in 100 Erdradien Entfernung einen F.-E. mit etwa der gleichen prozentualen Intensitäts-Erniedrigung wie in Chikago mit einem Neutronenmonitor. Beide Beobachtungen scheinen mit einem geozentrischen Modulationsmechanismus unverträglich.

Aus den Intensitätsvariationen der Sekundärkomponenten der K.-S., die an Stationen verschiedener geomagnetischer Breite bis auf einen Amplitudenfaktor weitgehend ähnlich ablaufen, ermittelte EHMERT [1959] die Energieabhängigkeit der Modulation der K.-S.. Hieraus und aus Messungen der Intensität der Primärkomponente der K.-S. mittels Ballonsonden [ERBE, 1959] schloß EHMERT, daß bei einem Modulationsereignis alle Primärteilchen unabhängig von ihrer ursprünglichen Energie eine Energieänderung gleichen Betrages erfahren. Die gleiche Energieabhängigkeit der Modulation der K.-S. würde man beobachten, falls die Erde gegenüber dem fernen Raum, aus dem die K.-S. kommt, ein aus dem Energieverlust der K.-S.-Teilchen zu berechnendes äquivalentes, höheres Potential besitzen würde. Da diese Vorstellung eine einfache Beschreibung der Modulation der K.-S. ermöglicht - einziger Parameter ist das Potential der Erde gegen den fernen Raum - berechnete EHMERT [1960a, 1960b, 1961] die Intensitätsänderungen der K-S. nach Durchlaufen eines heliozentrischen elektrischen Feldes. Zur Beschreibung der Beobachtungsergebnisse waren Feldstärken in der Größenordnung 10^{-2} V/m erforderlich; daraus schloß EHMERT, daß kein statisches elektrisches Feld Ursache der Modulation der K.-S. sein konnte, vielmehr sollte ein dynamischer Vorgang stattfinden, dessen Wirkung auf die K.-S. durch die äquivalente Wirkung eines variierenden, heliozentrischen Feldes beschrieben werden kann. Die vorliegenden Messungen der Intensität von Protonen und α-Teilchen stimmten in jedem Energieintervall gut mit den Berechnungen von EHMERT überein.

1965 versuchten FREIER und WADDINGTON [1965] alle mit Ballonsonden gemessenen Intensitäten von He-Kernen ebenfalls durch die Modulation der K.-S. in einem heliozentrischen elektrischen Feld zu erklären. Der Unterschied zur EHMERTschen Darstellung liegt allein im Ansatz für das Quellspektrum der K.-S. (vgl. S. 9)

In dieser Arbeit werden die zur Zeit vorliegenden umfangreichen Messungen der primären Protonen- und α-Teilchen-Intensitäten den aus der E-Feld-Hypothese berechneten Spektren gegenübergestellt und Meßergebnisse zur Modulation der sekundären Neutronenkomponente mit den Aussagen der "elektrischen Modulation" verglichen.

2. Berechnung der differentiellen und integralen Spektren der Kosmischen Strahlung und deren Vergleich mit den Messungen

2.1 Herleitung der Grundgleichungen

Den Ausgangspunkt für die Berechnung der Intensitätsschwankungen der K.-S. unter der Wirkung des angenommenen elektrischen Feldes stellt der sogenannte Liouvillesche Satz dar (z.B. [JOOS, 1959]). Aus ihm folgt, daß während der Bewegung geladener Teilchen durch zeitlich konstante elektrische und magnetische Felder die Größe

$$\frac{dI}{dE} \cdot \frac{1}{p^2}$$

konstant bleibt [SWANN 1933, JANOSSY 1948, vgl. SINGER 1958]

$$\frac{dI}{dE} = \frac{\text{Anzahl der K.-S.-Teilchen}}{m^2 \text{ sec ster Energieintervall}}$$

$$p = \text{Impuls eines Teilchens}$$

Es gilt also

$$\left(\frac{dI}{dE} \cdot \frac{1}{p^2} \right)_\infty = \left(\frac{dI}{dE} \cdot \frac{1}{p^2} \right)_{Erde}$$

Die zu berechnende Größe ist $(dI/dE)_{Erde}$. (Es seien nur K.-S.-Teilchen gleicher Art betrachtet, also z.B. Protonen oder α-Teilchen für sich.)

$$\left(\frac{dI}{dE} \right)_{Erde} = \frac{p^2_{Erde}}{p^2_\infty} \left(\frac{dI}{dE} \right)_\infty$$

Das Impulsverhältnis kann leicht aus dem Energieverlust ausgerechnet werden, den ein K.-S.-Teilchen erleidet, das aus dem fernen Raum (Potential V = 0) gegen das heliozentrische elektrische Feld bis zur Erde (Potenzial V = U) anlaufen muß. Es ergibt sich als Funktion des Potentials am Ort der Erde.

Unbekannt ist bis heute

$$\left(\frac{dI}{dE} \right)_\infty$$

das unmodulierte Spektrum der einzelnen Primärkomponenten der K.-S.. Es konnte bisher mit Raumsonden nicht gemessen werden, da diese noch nicht weit genug in den Weltraum vorgedrungen sind ; andererseits scheint die K.-S. auch im Sonnenfleckenminimum noch moduliert zu werden, wie aus einem Vergleich der zur Zeit verschiedener Sonnenfleckenminima gemessenen Intensitäten folgt [NEHER und ANDERSON, 1965]. Man kann daher auch nicht im Sonnenfleckenminimum setzen

$$\left(\frac{dI}{dE}\right)_\infty = \left(\frac{dI}{dE}\right)_{Erde}$$

Eine Annäherung an

$$\left(\frac{dI}{dE}\right)_\infty$$

erhält man jedoch aus Messungen im hochenergetischen Bereich. Erfahrungsgemäß ändert sich die Intensität der K.-S. für Energien $> 10^{10}$ eV/Nukleon im Verlauf des Sonnenfleckenzyklus nur um einige Prozent. Messungen des integralen Energiespektrums der primären Protonen und α-Teilchen im hochenergetischen Bereich ergeben für beide Komponenten

$$(I_E)_{Erde} \sim E^{-\gamma}$$

mit einem γ-Wert zwischen 1,45 und 1,84 [ANAND et al., 1965 ; BRAY et al., 1965; FREIER und WADDINGTON, 1965]. Theoretische Überlegungen führen unter recht allgemeinen Voraussetzungen ebenfalls auf ein Potenzgesetz für das Quellspektrum der K.-S. [GINZBURG und SYROVATSKY, 1963]. EHMERT [1960] fand mit folgendem Ansatz gute Übereinstimmung zwischen den berechneten und gemessenen Spektren der K.-S.

$$\left(\frac{dI}{dE}\right)_\infty \sim \left(E_{Kin}^{-2,5}\right)_\infty$$

Es ist eine Folge dieses Ansatzes, daß die Spektren von Protonen und α-Teilchen auch im Sonnenflecken-Minimum noch stark moduliert erscheinen. FREIER und WADDINGTON machen folgenden Ansatz für das Quell-Spektrum der K.-S.

$$\left(\frac{dI}{dE}\right)_\infty \sim \left(E_{total}^{-2,45}\right)_\infty$$

Dieser Ansatz ist so gewählt, daß die im Sonnenflecken-Minimum 1954 gemessenen Spektren der K.-S. nahezu mit dem unmodulierten Quellspektrum übereinstimmen.

Da im hochenergetischen Bereich ($E_{total} > 10^{10}$ eV/Nukleon) der Unterschied zwischen E_{Kin} und E_{total} zu vernachlässigen ist, sind beide Ansätze in diesem Energiebereich kaum voneinander verschieden, im niederenergetischen Bereich jedoch ist der zur Beschreibung der Meßergebnisse erforderliche Energieverlust entsprechend dem Ansatz von EHMERT um etwa die Ruheenergie von Proton und α-Teilchen höher als bei FREIER und WADDINGTON.

Führt man nach EHMERT die dimensionslosen Größen

$$\left. \begin{array}{l} \varepsilon = \dfrac{\text{Gesamtenergie}}{\text{Ruheenergie}} \\[2mm] \mu = \dfrac{\text{Energieverlust}}{\text{Ruheenergie}} \end{array} \right\} \quad \text{vgl. Anhang I}$$

ein, so lautet der Ansatz für das Quellspektrum der K.-S. nach EHMERT

2.2.

$$\left(\frac{dI}{d\varepsilon}\right)_\infty = -\frac{K}{(\varepsilon_{Erde} - 1 + \mu)^{2,5}}$$

Mit diesem Ansatz läßt sich das differentielle und integrale Energiespektrum der K.-S. am Ort der Erde als Funktion des Parameters μ ausrechnen (vgl. Anhang I). Das Ergebnis der Rechnung ist in Abbildung 1 und 2 *) dargestellt.

Tabelle 1a

Messung von He-Kernen im hochenergetischen Bereich

Datum	minimale magnetische Steifigkeit R_{min} [GV]	$\left[\frac{\alpha}{m^2 sec\,ster}\right]$ ($> R_{min}$)	Literatur
Sept. 1957	14,2	22,3 ± 2,0	SHAPIRO et al. (1958)
30. Jan. 1957	16,3	18 ± 2	McDONALD (1958)
10. Feb. 1957	16,3	15,7 ± 2,0	SHAPIRO et al. (1959)
20. Feb. 1957	16,3	13,5 ± 1,7	WEBBER (1958)
24. März 1960	17,5	18,4 ± 1,9	KAJAREKAR (1963)
Feb.- März 1961	17,5	19,1 ± 1,2	BALASUBRAHMANYAN et al. (1962)
----------	1600	$1,7 \cdot 10^{-2}$	FOWLER und WADDINGTON (1957)

Die Literaturzitate sind unter FREIER und WADDINGTON [1965] nachzulesen.

Tabelle 1b

Messung von H-Kernen im hochenergetischen Bereich

Datum	minimale magnetische Steifigkeit R_{min} [GV]	$\left[\frac{Protonen}{m^2 sec\,ster}\right]$ ($> R_{min}$)	Literatur
12. Jan. 1957	16,2	123 ± 12	ALY (1962)
30. Jan. 1957	16,2	115 ± 12	McDONALD (1958)
2. Feb.,			
20. Feb.,			
20. März 1961	16,8	127 ± 12	BALASUBRAHMANYAN
30. Apr. 1965	16,8	130 ± 13	AGRAVAL et al. (1965)

Obige Literaturhinweise sind unter AGRAVAL et al. [1965] nachzulesen.

---

*) Sämtliche Abbildungen befinden sich am Ende der Arbeit

2.2 Zur Anpassung der berechneten Intensität an die gemessene

Zur Anpassung der berechneten Kurven an die Meßergebnisse ist für jede Primärkomponente eine Bestimmung der Konstanten K erforderlich. Da das bisher vorliegende Meßmaterial sich fast ausschließlich auf Protonen und α-Teilchen bezieht, können nur K_α und K_{Prot} bestimmt werden.

Diese Konstanten lassen sich auf folgende Weise abschätzen:

In Tabelle 1 sind Messungen von Protonen und He-Kernen angeführt, die im hochenergetischen Bereich durchgeführt wurden. In 0-ter Näherung wird angenommen, daß zur Zeit dieser Messungen keine Modulation stattfand ($\mu = 0$ gesetzt). Als Mittelwert über alle Messungen erhält man dann aus Formel (4) im Anhang I eine 0-te Näherung für K_α und K_{Prot}. Diese sind in Tabelle 2 angegeben. Mit diesen Näherungswerten für K_α und K_{Prot} kann man aus den integralen Zählraten im niederenergetischen

Tabelle 2a

Näherungswerte für die Konstante K_α
berechnet für den Fall verschwindender Modulation

Datum	R_{min} [GV]	$\left[\dfrac{\alpha}{m^2 \text{ sec ster}}\right]$	μ_α	$K_\alpha \left[\dfrac{\alpha}{m^2 \text{ sec ster}}\right]$
Sept. 1953	14,2	22,3	0	572
30. Jan. 1957	16,3	18	0	582
10. Feb. 1957	16,3	15,7	0	508
20. Feb. 1957	16,3	13,5	0	437
24. März 1960	17,5	18,4	0	670
Feb.- März 1961	17,5	19,1	0	696
----------	1600	$1,7 \cdot 10^{-2}$	0	634

Tabelle 2b

Näherungswerte für die Konstante K_{Prot}
berechnet für den Fall verschwindender Modulation ($\mu = 0$)

Datum	R_{min} [GV]	$\left[\dfrac{\text{Protonen}}{m^2 \text{ sec ster}}\right]$	μ_{Prot}	$K_{Prot} \left[\dfrac{\text{Protonen}}{m^2 \text{ sec ster}}\right]$
12. Jan. 1957	16,2	123	0	12148
30. Jan. 1957	16,2	115	0	11358
Feb.- März 1961	13,8	127	0	13288
30. Apr. 1965	13,8	130	0	13601

Bereich nach den Formeln der Abbildung 2 verbesserte μ-Werte bestimmen. Über diese μ-Werte erhält man aus den hochenergetischen Messungen verbesserte K_α- und K_{Prot}-Werte usw. Rechenergebnisse findet man in Tabelle 3. Folgende Werte von K_α und K_{Prot} wurden als Mittelwerte erhalten:

$$K_\alpha = 679 \left[\frac{\alpha\text{-Teilchen}}{m^2 \text{ sec ster}} \right]$$

$$K_{Prot} = 15823 \left[\frac{\text{Protonen}}{m^2 \text{ sec ster}} \right]$$

Die obigen Konstanten können jedoch, bedingt durch die große Streuung der Meßergebnisse, nur als Näherungswerte angesehen werden.

Die den μ-Werten entsprechenden Bremspotentiale liegen zwischen 1 und 2 GV.

Tabelle 3a

K_α -Werte als Ergebnis der Iterationsrechnung

Datum	R_{min} [GV]	μ_α	$K_\alpha \left[\frac{\alpha}{m^2 \text{ sec ster}} \right]$
Sept. 1953	14,2	0,5	689 ± 69
30. Jan. 1957	16,3	0,9	773 ± 85
10. Feb. 1957	16,3	0,9	674 ± 86
20. Feb. 1957	16,3	0,9	580 ± 73
----------------	1600	0,9	679 ± ?

In den Fehlerangaben ist nur die Unsicherheit der Intensitätsmessung nach Tab. 1a berücksichtigt.

Tabelle 3b

K_{Prot} -Werte als Ergebnis der Iterationsrechnung

Datum	R_{min} [GV]	μ_{Prot}	$K_{Prot} \left[\frac{\text{Protonen}}{m^2 \text{ sec ster}} \right]$
12. Jan. 1957	16,2	1,8	15970 ± 1558
30. Jan. 1957	16,2	1,8	14931 ± 1558
Feb.- März 1961	16,8	1,5	16580 ± 1567
30. Apr. 1965	16,8	1,0	15810 ± 1581

In den Fehlerangaben ist nur die Unsicherheit der Intensitätsmessung nach Tab. 1b berücksichtigt.

2.3 Die integralen und differentiellen Spektren der Kosmischen Strahlung

In Abbildung 3 bis 9 sind integrale Messungen der primären Protonen und α-Intensitäten zusammen mit den berechneten Kurven aufgetragen. Im allgemeinen darf man μ für die Zeit eines Ballonfluges als konstant ansehen. Es folgt aus der Definition von μ, daß für simultane Messungen von Protonen und He-Kernen gelten muß

$$\mu_\alpha = \frac{1}{2} \mu_{Proton}$$

Es ist aus den Abbildungen 3 - 9 ersichtlich, daß die gemessenen und berechneten integralen Spektren bis herauf zu den höchsten Energien gut miteinander übereinstimmen. Die Intensitätsvariationen im hochenergetischen Bereich betragen, wie bereits erwähnt, im Verlauf des Sonnenfleckenzyklus nur wenige Prozent der Gesamtintensität.

Auch im Sonnenfleckenminimum ist noch ein Bremspotential von 1 GV zur Beschreibung der Meßergebnisse erforderlich. FREIER und WADDINGTON benötigen entsprechend ihrem Ansatz für das Quellspektrum der K.-S. im Sonnenfleckenminimum Bremspotentiale, die um etwa die Ruheenergie von Protonen und α-Teilchen niedriger sind und in der Größenordnung 50 MV liegen; die Autoren berücksichtigen zusätzlich den Energieverlust, den die K.-S.-Teilchen beim Durchgang durch 3 g/cm^2 interstellare Materie erleiden. Da dieser Energieverlust einem Bremspotential von etwa 50 MV entspricht, braucht er beim EHMERTschen Ansatz für das Quellspektrum der K.-S. auch im Sonnenfleckenminimum nicht berücksichtigt zu werden.

Die Messung der differentiellen Spektren ist wesentlich schwieriger als die Messung der integralen Spektren. Vielfach sind die in Abbildung 10 - 14 angegebenen Meßpunkte nur durch Differentiation der integral gemessenen Spektren gewonnen. Die Streuung der Meßergebnisse ist deshalb größer als bei den integralen Spektren. Dies gilt nicht nur für die frühen Messungen im Sonnenfleckenmaximum in Abbildung 14, sondern auch für die jüngsten Messungen des Protonenspektrums durch ORMES und WEBBER [1964] in Abbildung 11. Man wird daher die folgenden Ergebnisse eines Vergleichs zwischen Experiment und Rechnung als vorläufig betrachten müssen:

a) Die Übereinstimmung der gemessenen und berechneten differentiellen Spektren kann als befriedigend bezeichnet werden. Insbesondere passen sich die durch den IMP-1-Satelliten bei den bisher kleinsten magnetischen Steifigkeiten gemessenen differentiellen Intensitäten gut den berechneten Kurven an (vgl. Abb. 10).

b) Vom Maximum des differentiellen Spektrums aus scheinen die α-Intensitäten nach höheren magnetischen Steifigkeiten steiler abzufallen als der Berechnung entspricht.

c) Das Verhältnis μ_α / μ_{Prot} scheint im Sonnenfleckenminimum kleiner zu sein als erwartet (vgl. Abb. 10), jedoch scheinen die Messungen von ORMES und WEBBER (Abb. 11) auch den gegenteiligen Schluß zu erlauben.

3. Zur Abhängigkeit der Forbush- und Langzeiteffekte in der sekundären Neutronenintensität von der magnetischen Breite sowie zur Abhängigkeit der sekundären Neutronenintensität von dem Parameter μ

In diesem Kapitel sollen folgende Fragen erörtert werden :

a) Welche Breitenabhängigkeit zeigen Forbush- und Langzeiteffekte in der sekundären Neutronenkomponente?

b) Welche Veränderungen in der Breitenabhängigkeit beider Effekte beobachtet man im Verlauf des Sonnenfleckenzyklus?

Forbush-Effekte werden beobachtet, falls eine solare Plasmawolke die Erde erreicht und einhüllt. Die physikalische Ursache dieses Effektes wird daher in einem räumlichen Bereich von der Größenordnung der solaren Plasmawolke zu suchen sein. Langzeiteffekte jedoch hängen von der mittleren Plasma-Emissionstätigkeit der Sonne ab und damit u.a. von der mittleren Plasmadichte im interplanetaren Raum. Trotz der unterschiedlich großen räumlichen Bereiche, in denen die physikalische Ursache der beiden Effekte zu suchen ist, scheint es plausibel anzunehmen, daß zwischen beiden Effekten nur ein quantitativer Unterschied besteht. Dann aber sollte die Breitenabhängigkeit beider Modulationseffekte gleich sein. In diesem Falle müßten sich - wenn überhaupt - beide Effekte in gleicher Weise durch die E-Feld-Hypothese beschreiben lassen.

Es war notwendig, die Untersuchungen dieses Kapitels auf eine Sekundärkomponente der K.-S. zu beziehen, da Ballon- und Raketensonden, die die Primärstrahlung unmittelbar messen können, vorläufig nur in relativ kurzen Zeiten ihre Messungen durchgeführt haben und daher zumindest zur Untersuchung der F.-E. ungeeignet sind. Es läßt sich aber leicht einsehen, daß, falls die Breiten-Abhängigkeit beider Effekte in der Primärintensität der K.-S. dieselbe ist, auch die Breitenabhängigkeit für die Sekundärkomponente gleich sein muß. Die folgenden Untersuchungen wurden an der sekundären Neutronenintensität ausgeführt, da diese die größte Empfindlichkeit unter den Sekundärkomponenten gegenüber Intensitätsänderungen der primären K.-S. hat. Die Breiten-Abhängigkeit von F.-E. und Langzeiteffekt läßt sich aus den Intensitätsvariationen mehrerer Neutronenmonitoren unterschiedlicher magnetischer Grenz-Steifigkeit im Intervall von etwa 1 - 15 GV bestimmen. Die untere Intervallgrenze ist hier bedingt durch die Absorption der K.-S. in der Erdatmosphäre [HEISENBERG, 1953] die obere entsprechend der STÖRMERschen Theorie durch die Stärke des Dipolmomentes des Erdmagnetfeldes. Die Breiten-Abhängigkeit der Forbush-Effekte wurde untersucht, indem der Intensitätsunterschied in der Neutronenkomponente zu Beginn und im Minimum des F.-E. für jede Station bestimmt wurde. Infolge der statistischen Schwankungen der Neutronen-Intensität sowie der unterschiedlichen anisotropen Intensitätsvariationen an den einzelnen Stationen ist die Genauigkeit der Bestimmung des F.-E. notwendig begrenzt.

In Abbildungen 15 - 19 sind die Intensitäten vor und im Minimum der Forbush-Effekte für jeweils zwei Stationen aufgetragen. Man entnimmt den Abbildungen :

a) In erster Näherung besteht ein linearer Zusammenhang zwischen den Intensitätsänderungen zweier Stationen.

b) Im Rahmen der Meßgenauigkeit scheint im Verlauf des Sonnenfleckenzyklus keine Änderung des Anstiegs der Regressionsgeraden stattzufinden; dies gilt auch für Stationen mit stark unterschiedlicher mittlerer Empfangsenergie, vgl. Abbildungen 15 und 16 , für die man im Verlauf des Sonnenfleckenzyklus auf Grund der Änderung des primären Energiespektrums eine Änderung des Anstiegs der Regressionsgeraden erwarten kann.

c) Der Zusammenhang für die Intensitätsänderungen zweier Stationen scheint für kurzzeitige Änderungen (F.-E.) der gleiche zu sein wie für Langzeiteffekte. Es folgt dies aus Abbildungen 15 - 19 daraus, daß die Neutronenintensität vor den einzelnen F.-E. sich im Verlauf des Sonnenfleckenzyklus längs derselben Regressionsgeraden ändert wie die Intensitätsänderungen während der einzelnen Forbush-Effekte.

In den Abbildungen 20 - 28 ist der Zusammenhang zwischen kurzzeitigen Intensitätsänderungen zweier Stationen gesondert dargestellt. Aufgetragen sind die absoluten und relativen Intensitätsänderungen während verschiedener Forbush-Effekte. Offenbar lassen sich die in der "Erholungsphase" eines F.-E. gemessenen Intensitätsänderungen zweier Stationen durch die gleiche Regressionsgerade beschreiben wie die Intensitätserniedrigungen im F.-E.

Zumindest im Mittel kann man also für jeweils zwei Stationen Schwankungsverhältnisse für die prozentualen Intensitätsänderungen angeben. Ein Schwankungsverhältnis von 2 für eine Pol- und eine Äquatorstation bedeutet dann z.B., daß während einer Störung die prozentuale Intensitätsänderung am Pol doppelt so groß ist wie am Äquator. Im Einzelfall können jedoch starke Abweichungen von diesen mittleren Schwankungsverhältnissen auftreten. Abbildung 29 zeigt Schwankungsverhältnisse für Einzelstörungen bezogen auf die Störung in Huancayo. Im Mittel ist eine Störung an einer Polstation prozentual doppelt so groß wie in Huancayo. Dieses Ergebnis ergibt sich auch aus Abbildung 30, in der der Breiteneffekt von Einzelstörungen aus dem Jahre 1963 dargestellt ist.

Um den Langzeiteffekt gesondert zu erfassen, wurden Hüllkurven an die fortlaufend registrierten Neutronenintensitäten in Mawson und Huancayo gelegt. Dabei wurden Forbush-Effekte eliminiert, indem auf das Erholungsniveau nach einem Forbush-Effekt extrapoliert wurde. Die Stationen Huancayo und Mawson wurden deshalb ausgewählt, weil sich aus dem Vergleich der Langzeiteffekte beider Stationen Veränderungen in der Breiten-Abhängigkeit im Verlauf des Sonnenfleckenzyklus am ehesten zeigen sollten. Abb. 31 zeigt die Hüllkurven beider Stationen. Die Fehlergrenzen in der Bestimmung des Langzeiteffektes sind nur für 1959 mit eingezeichnet. Man beachte die starken Intensitätsschwankungen im Jahr 1959, die in diesem Zeitmaßstab einem F.-E. stark ähneln. In Abbildung 32 sind die Intensitäten der Hüllkurven für einzelne Zeitepochen gegeneinander aufgetragen. Die eingezeichnete Gerade ergibt sich aus dem Zusammenhang der Intensitätsschwankungen während einzelner Forbush-Effekte, sie ist also nicht als beste Gerade durch die eingezeichneten Meßpunkte gelegt.

Offensichtlich lassen sich Forbush- und Langzeiteffekte in guter Näherung in gleicher Weise beschreiben. Das Ergebnis läßt sich auch auf folgende Weise gewinnen: In Abbildungen 33 - 36 sind die Tagesmittelwerte der sekundären Neutronenintensität für die Tage, an denen ein Ballonaufstieg durchgeführt wurde, gegen die μ-Werte (Energieverlust der K.-S.-Teilchen/ Ruheenergie) aufgetragen, wie sie sich aus den Aufstiegsdaten ergeben (vgl. Abbildungen 3 - 9).

In guter Näherung besteht ein linearer Zusammenhang zwischen beiden Größen. Die auf Grund der WAIBELschen Messungen bestimmten μ-Werte scheinen systematisch von den übrigen Werten abzuweichen, sie werden daher bei den folgenden Berechnungen nicht berücksichtigt. Am deutlichsten scheint der lineare Zusammenhang in Abbildung 33 zu sein. Legt man durch die Punkte der Abbildung 33 die beste Gerade, so läßt sich der Verlauf der Geraden in den Abbildungen 34 - 36 aus den bei der Untersuchung von F.-E. gewonnenen Ergebnissen der Abbildungen 15 - 17 berechnen. Man hat dazu zu zwei μ-Werten (es wurde $\mu = 1,35$ und $\mu = 2,1$ gewählt) die Neutronenintensitäten in Mawson aus Abbildung 33 zu bestimmen und mit dieser Neutronenintensität die aus Abbildungen 15 - 17 zu erwartenden Neutronenintensitäten abzulesen. Diese Intensitäten bestimmen dann zusammen mit den ausgewählten μ-Werten die Geraden in Abb. 34 bis 36. Im Rahmen der Meßgenauigkeit passen sich die so bestimmten Geraden gut den Meßpunkten an.

Die Ergebnisse dieses Kapitels lassen sich folgendermaßen zusammenfassen :

a) Intensitätsänderungen wie sie während Forbush-Effekten, in der Erholungsphase nach Forbush-Effekten und im Verlauf des Sonnenfleckenzyklus beobachtet werden, zeigen in erster Näherung die gleiche Breiten-Abhängigkeit.

b) Die Intensitätsänderungen in der sekundären Neutronenintensität können durch nur einen Parameter, den μ-Wert, charakterisiert werden, die Intensitätsänderungen ergeben sich dabei in guter Näherung proportional dem hypothetisch eingeführten Potential der Erde gegen den fernen Raum.

Koordinaten der in der Arbeit verwendeten Neutronenmonitoren

Station	Geom. Breite	Geogr. Breite	Geogr. Länge
Alert (A)	85,5° N	82,50° N	62,33° N
Resolute Bay (R)	82,2° N	74,69° N	94,91° W
Murmansk (MU)	64,1° N	68,97° N	33,08° O
Nederhorst (NE)	54,1° N	52,24° N	5,08° O
M I T	52,8° N	41,38° N	71,12° W
Lindau (LI)	51,6° N	51,60° N	10,10° O
Göttingen (G)	51,5° N	51,52° N	9,93° O
Weissenau (W)	49,0° N	47,80° N	9,50° O
Rom (RO)	42,5° N	41,90° N	12,52° O
Mexico City (MC)	29,2° N	19,33° N	99,18° W
Mt. Norikura (MT. N)	25,5° N	36,12° N	137,56° O
Makapuu Point (MP)	21,3° N	21,30° N	157,66° W
Kodaikanal (KO)	0,5° S	10,23° N	77,46° O
Huancayo (H)	0,5° S	12,03° S	75,33° W
Mina Aguilar (MA)	11,5° S	23,10° S	65,70° W
Buenos Aires (BA)	23,5° S	34,58° S	58,50° W
Brisbane (BR)	35,0° S	27,50° S	153,01° O
Ushuaia (USA)	43,2° S	54,80° S	68,30° W
Mawson (M)	73,0° S	67,60° S	62,88° W

4. Herleitung einer Erzeugungsfunktion (Specific Yield Function)

Um die im letzten Kapitel gewonnenen Ergebnisse mit den Berechnungen auf Grund der EHMERTschen E-Feld-Hypothese zu vergleichen, ist es notwendig, den Zusammenhang zwischen der primären K.-S. und den sekundären Komponenten zu kennen. Dieser Zusammenhang wird durch die sogenannte Erzeugungsfunktion hergestellt; sie wird im folgenden mit S bezeichnet.

Diese Funktion ist so definiert, daß in einem Intervall der magnetischen Steifigkeit zwischen R und R + dR das Produkt aus der differentiellen Zählrate einer Primärkomponente der K.-S. und der Erzeugungsfunktion den Beitrag der betrachteten Primärkomponente zur differentiellen Zählrate einer Sekundärkomponente im gleichen magnetischen Steifigkeitsintervall ergibt.

Wir werden im folgenden annehmen, daß die primäre K.-S. ausschließlich aus Protonen und α-Teilchen besteht. Dann ist der Zusammenhang zwischen der sekundären Neutronenkomponente und der primären K.-S. definitionsgemäß durch die Gleichung gegeben

$$\frac{dN}{dR}(R, t, h) = S^{(N)}_{Prot}(R, h) \cdot K_{Prot} \cdot \frac{dI}{dR}(R, \mu_{Prot}(t)) + S^{(N)}_{\alpha}(R, h) \cdot K_{\alpha} \cdot \frac{dI}{dR}(R, \mu_{\alpha}(t))$$

dabei bedeuten :

R	die magnetische Steifigkeit (Rigidity) eines Primärteilchens $= \frac{p \cdot c}{Z \cdot e}$
h	die Höhe der Beobachtungsstation über NN
$\frac{dN}{dR}(R, t, h)$	die differentielle, zeitabhängige sekundäre Neutronenintensität im Intervall der magnetischen Steifigkeit zwischen R und R + dR, für eine Beobachtungsstation der Höhe h über NN.
$S^{(N)}_{Prot}(R, h)$, $S^{(N)}_{\alpha}(R, h)$	die höhenabhängigen Erzeugungsfunktionen von Protonen und α-Teilchen für die sekundäre Neutronenkomponente.
$\frac{dI}{dR}(R, \mu_{Prot}(t))$, $\frac{dI}{dR}(R, \mu_{\alpha}(t))$	die differentiellen Spektren der primären Protonen und α-Teilchen im Intervall der magnetischen Steifigkeit zwischen R und R + dR.
K_{Prot}, K_{α}	die in Kapitel 1 berechneten Anpassungskonstanten.

Vorausgesetzt ist, daß es genügt, nur Teilchen zu berücksichtigen, die aus dem Zenit einfallen.

Zur Herleitung der Erzeugungsfunktion wollen wir voraussetzen, daß alle Nukleonen der K.-S.-Teilchen unabhängig voneinander in der Atmosphäre im Mittel gleichviel Sekundärteilchen erzeugen, falls sie die gleiche kinetische Energie besitzen. Diese Annahme scheint plausibel, da die Bindungs-Energie der Nukleonen im α-Teilchen (mit $\approx$ einigen MeV / Nukleon) klein gegen die kinetische Energie/Nukleon der K.-S.-Teilchen ist.

Bei gleicher kinetischer Energie/Nukleon gilt

$$\frac{E^{(\alpha)}_{Kin}}{4} = E^{(Prot)}_{Kin}$$

$$\frac{E_{Kin}^{(\alpha)}}{4} = \sqrt{\left(\frac{p_\alpha \cdot c}{4}\right)^2 + \left(\frac{4m_o^{Prot} c^2}{4}\right)^2} - \frac{4m_o^{Prot} c^2}{4} \qquad (4.1)$$

$$E_{Kin}^{(Prot)} = \sqrt{(p_{Prot} \cdot c)^2 + (m_o^{Prot} \cdot c^2)^2} - m_o^{Prot} c^2 \qquad (4.2)$$

Dabei bedeutet m_o^{Prot} die Ruhmasse des Protons.

Aus 4.1 und 4.2 folgt

$$\frac{p_\alpha \cdot c}{4} = p_{Prot} \cdot c$$

und da für α-Teilchen die Kernladungszahl $Z = 2$ und die Atommassenzahl $A = 4$ ist, folgt

$$\frac{Z}{A} \cdot \frac{p_\alpha \cdot c}{Z \cdot e} = \frac{p_{Prot} \cdot c}{e}$$

das heißt, bei gleicher Energie/Nukleon ist die magnetische Steifigkeit des α-Teilchens gerade doppelt so groß wie die des Protons; auf Grund unserer Annahmen gilt dann

$$S_\alpha (R, h) = 4 \, S_{Prot} (\tfrac{1}{2} R, h)$$

und damit ergibt sich für die sekundäre Neutronenintensität

$$\frac{dN}{dR}(R, h, t) = S_{Prot}^{(N)}(R, h) \cdot K_{Prot} \cdot \frac{dI}{dR}(R, \mu_{Prot}(t)) + 4 S_{Prot}^{(N)}\left(\frac{R}{2}, h\right) \cdot K_\alpha \cdot \frac{dI}{dR}(R, \mu_\alpha(t))$$

und integriert

$$N(R_c, h, t) = \int_{R_c}^{\infty} \left\{ \frac{dN}{dR}(R, h, t) \right\} dR$$

wobei R_c die minimale magnetische Grenz-Steifigkeit für die aus dem Zenit einer Station einfallenden Teilchen bedeutet.

In obiger Integralgleichung ist das differentielle Primärspektrum der K.-S. nach EHMERT vorgegeben. Die Breiten-Abhängigkeit der sekundären Neutronenintensität wird den Arbeiten von BACHELET et al. [1965], SANDSTRÖM [1965] und MATHEWS und KODAMA [1964] entnommen. Das Integral wird numerisch ausgewertet, wobei die Erzeugungsfunktion iterativ den Beobachtungsergebnissen angepaßt wird (vgl. Anhang I). In Abbildung 37 ist die Erzeugungsfunktion, mit der die beste Übereinstimmung mit den experimentellen Ergebnissen erhalten wurde, dargestellt. Vergleichsweise ist eine Erzeugungsfunktion eingezeichnet, wie sie von WEBBER und QUENBY [1959] hergeleitet wurde.

In Abbildung 38 wird der gemessene [MATHEWS und KODAMA, 1964] und berechnete Breiteneffekt in der Neutronenkomponente im Sonnenfleckenminimum und im Sonnenfleckenmaximum verglichen.

Tabelle 4 gibt die Schwankungsverhältnisse und deren Änderung im Verlauf des Sonnenfleckenzyklus wieder. Ersichtlich kann man zwischen Huancayo (R = 13,7 GV) und Mawson (R = 1 GV) ein Schwankungsverhältnis von etwa 2,0 bis 2,5 erwarten. (Man beachte, daß die berechneten Schwankungsverhältnisse für Stationen auf Meeresniveau gelten.) Die Abhängigkeit des Schwankungsverhältnisses vom Sonnenfleckenzyklus konnte experimentell nicht nachgewiesen werden, da die Streuung der Meßpunkte zu groß war.

Abbildung 39 zeigt die berechnete Abhängigkeit der sekundären Neutronenintensität von den μ-Werten. Der experimentell gefundene lineare Zusammenhang zwischen beiden Größen wird gut bestätigt.

Tabelle 4

Berechneter Breiteneffekt einer Störung in der sekundären Neutronenkomponente

Angegeben ist das Verhältnis der prozentualen Intensitätserniedrigungen für Stationen auf Meeresniveau als Funktion der minimalen magnetischen Steifigkeit für senkrecht einfallende K.-S.-Teilchen.

(2) μ_{Proton}	(1) μ_{Proton}	1 GV / 10 GV	1 GV / 15 GV
2,0	2,2	1,77	2,45
1,9	2,0	1,83	2,55
1,7	1,9	1,87	2,63
1,6	1,7	1,94	2,76
1,5	1,6	1,99	2,83
1,4	1,5	2,04	2,92
1,3	1,4	2,10	3,01

5. Untersuchungen über Tagesgänge in der Kosmischen Strahlung und deren Interpretation im Rahmen der E-Feld-Hypothese

Tagesgänge in der Intensität der K.-S. entstehen, wenn die Schwächung der Intensität der K.-S. räumlich nicht völlig isotrop ist, wenn also z.B. aus einem Raumbereich mehr K.-S.-Teilchen kommen als aus den übrigen. Auf Grund der Ablenkung im erdmagnetischen Feld erreicht diese "Zusatzstrahlung" die einzelnen Stationen auf der Erde zu verschiedenen Zeiten und mit unterschiedlicher Intensität. Daher ist es nicht sinnvoll, die Amplitudenwerte der Tagesgänge zweier Stationen nach Weltzeit zu vergleichen; üblicherweise charakerisiert man Tagesgänge durch ihre (Doppel)-Amplitude und die Eintrittszeit des Maximums in Ortszeit.

In Abbildung 40 ist der Breiteneffekt der Amplitude der Tagesgänge dargestellt, er zeigt ein charakteristisches Maximum in mittleren Breiten.

In Abbildung 41 sind die mittleren Eintrittszeiten des Maximums der Tagesgänge angegeben ; sie differieren also für eine Pol- und eine Äquatorstation um etwa 4 Stunden in der Ortszeit. Die eigentlich physikalische Ursache der Modulation der K.-S. ist zwar noch nicht bekannt, es kann jedoch als gesichert angesehen werden, daß die Ursache der Intensitätsänderungen der K.-S. in den Eigenschaften der Plasmawolken zu suchen ist. Wir werden versuchen zu zeigen, daß es möglich ist, auch die in Abbildungen 40 und 41 dargestellten Ergebnisse, wie bereits Forbush- und Langzeiteffekte, zu verstehen, falls man annimmt, daß die Modulation der K.-S. durch einen Energieverlust entsteht, den die K.-S.-Teilchen auf ihrem Weg durch die solaren Plasmawolken bis hin zur Erde erleiden. Es kann nicht ausgeschlossen werden, daß die Partikel der K.-S. auf ihrem Weg durch den Modulationsbereich zur Erde zwischenzeitlich auch beschleunigt werden. Bei ihrer Ankunft am Ort der Erde sollen sie jedoch Energie verloren haben, wobei der Energieverlust sich aus der Differenz der Energien der K.-S.-Teilchen am Ort der Erde und vor Eintritt in den Modulationsbereich ergibt.

Der Energieverlust, den die K.-S.-Teilchen erleiden, soll gegeben sein durch $dE = Z \cdot e \cdot U$, wobei $Z \cdot e$ die Kernladung eines K.-S.-Teilchens bedeutet und U eine Größe ist, die nur von den Eigenschaften des Plasmas, nicht jedoch von den Eigenschaften des K.-S.-Teilchens abhängt, also insbesondere nicht von dessen Energie. In diesem Falle läßt sich die Intensitätsänderung der K.-S. so beschreiben, als hätten die Teilchen der K.-S. den Energiebetrag $Z \cdot e \cdot U$ in einem elektrischen Feld verloren, nachdem sie die Potentialdifferenz U durchlaufen haben.

Auf Grund der Untersuchungen von Forbush- und Langzeiteffekten kann man in guter Näherung annehmen, daß die Modulation der K.-S. bei diesen Effekten isotrop um die Erde erfolgt ; d.h. der Energieverlust, den die K.-S.-Teilchen auf ihrem Wege durch das solare Plasma bis zur Erde erleiden, ist für alle Einfallsrichtungen der K.-S.-Teilchen etwa der gleiche. Für unser Modell, in dem wir die Modulation der K.-S. durch den Energieverlust in einem hypothetischen elektrischen Feld beschreiben, bedeutet das, daß wir allen Himmelsrichtungen den gleichen U-Wert zuordnen müssen.

Wird die K.-S., die zur Erde gelangt, jedoch anisotrop moduliert, wie man es z.B. beim Auftreten von Tagesgängen annehmen muß, so wird der Energieverlust, den die K.-S.-Teilchen erleiden, je nach ihrer Herkunftsrichtung verschieden sein. In diesem Fall müssen wir jeder Raumrichtung entsprechend dem Energieverlust, den die K.-S.-Teilchen, die aus dieser Richtung einfallen, erlitten haben, einen anderen U-Wert zuordnen.

Statt jeder Raumrichtung einen U-Wert zuzuordnen, beschreiben wir im folgenden die Geometrie der Anisotropie durch μ-Werte. Entsprechend ihrer Definition $\mu = Z \cdot e \cdot U$ / Ruheenergie sind die μ-Werte bei festem U für Protonen und α-Teilchen verschieden. Es gilt $2 \cdot \mu_\alpha = \mu_{Proton}$.

Es entspricht der Erfahrung [DORMAN, 1957] , daß aus der Richtung $90°$ östlich der Erd-Sonne-Linie in der Ekliptik relativ mehr K.-S. kommt als aus den übrigen Richtungen. Ferner sind die Anisotropien deutlich in der Ekliptik konzentriert [KIRSCH, 1964] .

Diese Ergebnisse sollen in dem folgenden Modell der Anisotropien zugrundegelegt werden.

Wir ordnen der Richtung, die $90°$ westlich der Erd-Sonnen-Linie in der Ekliptik liegt, den größten μ-Wert zu. Mit zunehmendem Winkelabstand von dieser Geraden sollen die μ-Werte abnehmen.

Infolge der energieabhängigen Ablenkung der K.-S. im erdmagnetischen Feld stammen die K.-S.-Teilchen, die eine Station auf der Erde gleichzeitig erreichen, aus verschiedenen Himmelsrichtungen. Kennt man die Struktur und die Größe des Erdmagnetfeldes, so lassen sich die Herkunftsrichtungen (asymptotische Richtungen) der K.-S.-Teilchen für jede Energie berechnen.

Wir benutzen im folgenden die Rechenergebnisse von HATTON und CARSWELL [1963] . Die Autoren geben die asymptotische Richtung durch φ_∞ (Breite) und λ_∞ (Länge) an. Dabei wird φ_∞ aus der geographischen Äquatorebene positiv nach Norden gezählt, λ_∞ vom Greenwich Meridian positiv nach Osten.

Während der Eigenrotation der Erde ändert sich im allgemeinen im Verlauf eines Tages der Winkelabstand der asymptotischen Einfallsrichtung von der Bezugsrichtung, die wir in der Ekliptik $90°$ westlich der Erd-Sonnen-Linie angenommen hatten. Entsprechend unserem Modell müssen dabei die K.-S.-Teilchen gegen unterschiedliche Bremspotentiale anlaufen. Wir werden den stärksten Beitrag zum Tagesgang in demjenigen Energiebereich erwarten, dessen asymptotische Richtung im Laufe eines Tages die größten Winkeländerungen gegenüber der Bezugsgeraden erfährt.

Da die Anisotropien andererseits deutlich in der Ekliptik konzentriert sind, werden wir erwarten, daß die Amplitude der Tagesgänge mit zunehmendem Winkelabstand der asymptotischen Herkunftsrichtung von der Ekliptik abnimmt. Wir werden daher folgenden Ansatz für die Änderung der μ-Werte im Laufe eines Tages machen

$$\mu(E, t) = \mu_0 - \Delta_\mu \left(\frac{\Phi_{max} - \Phi_{min}}{180}\right) \cdot \Omega(\vartheta, t) \cdot \sin\left(\frac{t}{24} \cdot 2\pi + (\lambda_\infty - \lambda_{St})\right) \qquad (5.1)$$

Da die K.-S.-Teilchen verschiedener Energie aus verschiedenen Raumrichtungen in einer Station einfallen, ist die Änderung der μ-Werte für die einzelnen Energiebereiche der K.-S. gesondert zu berechnen.

Es bedeuten:

Φ_{max}, Φ_{min} die maximalen und minimalen Winkelabstände der asymptotischen Herkunftsrichtung von der Bezugsgeraden im Verlauf eines Tages.

λ_{St} die geographische Länge der betrachteten Station.

t die Ortszeit.

E die Gesamtenergie.

ϑ den Winkelabstand der asymptotischen Einfallsrichtung von der Ekliptik.

Δ_μ charakterisiert die Stärke der Anisotropie.

$\Omega(\vartheta, t)$ eine Winkelfunktion, die berücksichtigt, daß mit größerem Winkelabstand der asymptotischen Herkunftsrichtung der K.-S. von der Ekliptik die Amplitude der Tagesgänge kleiner werden muß

Zur Herleitung der Größen $(\Phi_{max} - \Phi_{min})$ sowie $\Omega(\vartheta, t)$ betrachten wir die Erde auf ihrer Bahn um die Sonne zur Zeit des Junisolstitiums:

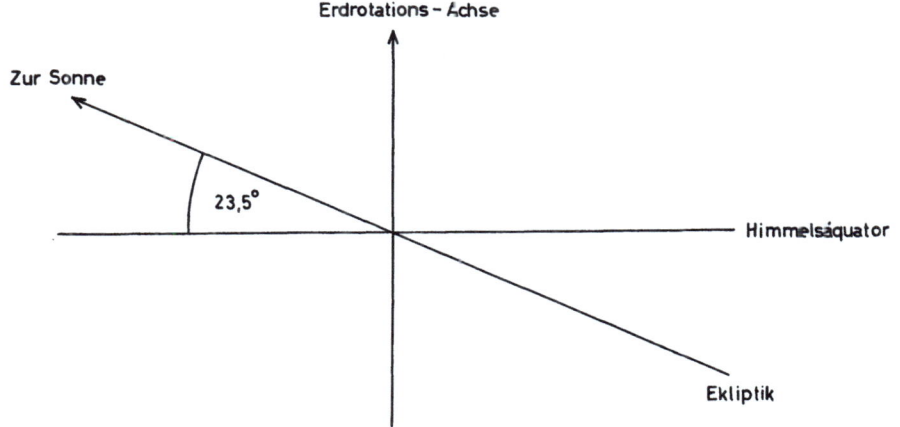

5.

Wir sehen längs der Schnittgeraden von Ekliptik und Himmelsäquator (also in Richtung der "Bezugsgeraden").

Es ist leicht zu sehen, daß für diese Zeitepoche gilt

$$\Phi_{max} - \Phi_{min} = 180° - 2 \; |\varphi_\infty|$$

Führt man Einheitsvektoren in Richtung der asymptotischen Herkunftsrichtung sowie in Richtung der Normalen zur Ekliptik ein, so läßt sich über das innere Produkt beider Vektoren ausrechnen, daß der Winkel zwischen der Ekliptik und der asymptotischen Herkunftsrichtung gegeben ist durch

$$\vartheta = |90° - \omega|$$

wobei ω der Winkel zwischen der asymptotischen Herkunftsrichtung und der Normalen zur Ekliptik ist.

$$\omega = \arccos(\cos(66,5°) \cdot \cos(\varphi_\infty) \cdot \cos(\frac{t}{24} \cdot 2\pi + \lambda_\infty - \lambda_{St}) + \sin(66,5°) \cdot \sin(\varphi_\infty)) \cdot 360/2\pi$$

Die Formeln zur Berechnung der Tagesgänge entsprechen denen bei der Herleitung der Sekundärintensität auf S. 17 ff. (vgl. auch Anhang II). Es ist jedoch zu beachten, daß hier für jedes Energieintervall der K.-S. ein besonderer μ-Wert einzusetzen ist, wie er sich aus der obigen Formel 5.1 ergibt.

$$N(R_0, t) = \sum_{i=0}^{n-1} \int_{R_i}^{R_{i+1}} \left\{ K_{Prot} \cdot S_{Prot}^{(N)}(R_i) \cdot (\frac{dI}{dR})(R_i, \mu_{Prot}^{(i)}) + K_\alpha \cdot S_{Prot}^{(N)}(\frac{R_i}{2}) \cdot (\frac{dI}{dR})_\alpha (R_i, \mu_\alpha^{(i)}) \right\} dR$$

Die Bedeutung der Symbole ist dieselbe wie auf S. 17 ff und in Anhang II.

In Abbildung 42 ist der Breiteneffekt der Amplituden der Tagesgänge in Abhängigkeit von einigen Winkelfunktionen $\Omega(\vartheta, t)$ aufgetragen. Gute Übereinstimmung mit dem Experiment (Abbildungen 40 und 41) ergibt sich, falls man eine Abnahme der Amplitude der Tagesgänge mit $\cos^6\vartheta$ voraussetzt. Das bedeutet nach Abbildung 42, daß die Amplitude der Tagesgänge für Winkelabstände der asymptotischen Einfallsrichtung $> 45°$ auf mehr als den 10ten Teil ihres Wertes bei $\vartheta = 0$ abgenommen hat. (Mit höheren Potenzen des $\cos\vartheta$-Gliedes werden offensichtlich die Amplituden der Polstationen im Verhältnis zu den Äquatorstationen verkleinert). Die bevorzugte Anordnung der Anisotropien in der Ekliptik hängt vermutlich damit zusammen, daß die Ekliptik und die heliographische Äquatorebene nur um etwa $7°$ gegeneinander geneigt sind, die Sonnenflecken vorwiegend im Bereich $0 - 30°$ heliographischer Breite auftreten und die Emission der solaren Plasmawolken in der Nähe der Sonnenflecken in radialer Richtung erfolgt.

Die Entstehung von Tagesgängen kann nach KRIMSKY [1965] folgendermaßen erklärt werden:

Im interplanetaren Raum wird durch die in den solaren Plasmawolken mitgeführten Magnetfelder ein Magnetfeld erzeugt, dessen Feldlinien im zeitlichen Mittel eine sogenannte Archimedische Spirale bilden. Am Ort der Erde werden die Feldlinien etwa einen Winkel von $50 - 60°$ mit der Erd-Sonnen-Linie bilden. Durch dieses Feld sowie durch die zusätzlich vorhandenen inhomogenen Magnetfelder müssen die Teilchen der K.-S. diffundieren; dabei werden sie teilweise mit den Plasmawolken radial von der Sonne fortgeführt. Im stationären Fall werden sich die radialen Komponenten des Diffusions- und Konvektionsstromes der K.-S. gerade kompensieren. Da jedoch der Diffusionsstrom längs der Magnetfeldlinien in Richtung der Archimedischen Spirale größer ist als senkrecht zu ihnen, resultiert eine nicht verschwindende Azimutalkomponente des Diffusionsstromes; dies entspricht aber einer "positiven Quelle" der

K.-S. in der Ekliptik 90° östlich der Erd-Sonnen-Linie, wie sie auch in unserem Modell der Anisotropie angenommen wurde.

Abbildung 43 zeigt die Amplituden und Phasen der Tagesgänge als Funktion der magnetischen Steifigkeit. Die Übereinstimmung mit den experimentellen Ergebnissen in Abbildungen 40 und 41 ist gut.

Über einen Jahresgang in der Amplitude und Phase der Tagesgänge

Ein Jahresgang in der Amplitude und Phase der Tagesgänge kann erwartet werden, da sich die Winkelabstände der asymptotischen Einfallsrichtungen von der Ekliptik im Laufe eines Jahres ändern. Damit ändert sich auch der Wert der Winkelfunktion $\Omega(\vartheta, t)$ in den einzelnen Energieintervallen der K.-S.; wie aus Gleichung (5.1) ersichtlich ist, kann dadurch eine Änderung des Tagesganges bedingt sein. In Tabelle 5 sind die Ergebnisse der Rechnung dargestellt.

Tabelle 5

Berechneter Jahresgang in der Amplitude und Phase der Tagesgänge

(Doppel)-Amplitude [in % des Tagesmaximums]					Eintrittszeit des Maximums in Ortszeit			
Station	Mz./Apr.	Juli	Sep./Okt.	Dez.	Mz.	Juli	Sept.	Dez.
Kodaikanal	1,30	2,08	1,30	2,08	12^{24}	12^{16}	12^{23}	12^{17}
Buenos Aires	1,98	2,65	1,98	2,64	12^{26}	12^{23}	12^{28}	12^{23}
Rom	2,43	3,69	2,40	3,69	11^{29}	11^{25}	11^{30}	11^{26}
Lindau	4,00	6,14	4,02	6,17	13^{04}	13^{00}	13^{04}	12^{59}
Murmansk	3,19	3,24	3,07	3,25	15^{08}	15^{00}	15^{08}	15^{05}
Mawson	3,38	3,48	3,50	3,48	17^{50}	17^{55}	17^{50}	17^{49}

Mit Ausnahme der Pol-Stationen beobachtet man in der Amplitude aller Stationen einen Jahresgang. Da wir bei der Berechnung der Funktion $\Omega(\vartheta, t)$ nicht zwischen den Richtungen oberhalb und unterhalb der Ekliptik unterschieden haben, ergibt sich ein Halbjahresgang (zu einer bestimmten Tageszeit liegt eine feste asymptotische Richtung, z.B. im Julisolstitium um den gleichen Winkel über der Ekliptik wie im Dezembersolstitium unter der Ekliptik).

Die Phase des Tagesganges wird im Verlauf eines Jahres kaum geändert. Auf Grund der Rechnungen sollte in der Amplitude des Tagesganges im Laufe eines Jahres eine Veränderung beobachtbar sein, die etwa 30% der über ein Jahr gemittelten Amplitude beträgt. Die größten Tagesgänge sollten sich zur Zeit der Solstitien ergeben.

In jüngster Zeit registriert man an verschiedenen Stationen die Intensität der sekundären Neutronen mit Hilfe sogenannter "Superneutronenmonitoren". Die Genauigkeit dieser Anlagen sollte ausreichen, einen eventuell vorhandenen Jahresgang in der Amplitude der Tagesgänge nachzuweisen.

6. Zusammenfassung

Einleitend wird ein kurzer Überblick über die Modulationsereignisse und deren mögliche physikalische Ursachen gegeben. Unter der Voraussetzung, daß eine Beschreibung der Modulation der K.-S. durch den Energieverlust der K.-S.-Teilchen in einem heliozentrischen elektrischen Feld äquivalent zur Beschreibung der wahren - bis heute unbekannten - Modulationsvorgänge ist, wird gezeigt, daß sich ein großer Teil der Modulationserscheinungen mathematisch einfach durch nur einen Parameter beschreiben läßt, nämlich durch das Potential der Erde gegen den fernen Raum.

Mit dieser Beschreibung können folgende Modulationsereignisse gut wiedergegeben werden:

1. Die Modulation und Energieabhängigkeit der integralen Primärintensitäten von Heliumkernen und Protonen, und zwar bis zu Energien von etwa 3000 GeV.
2. Die Modulation der differentiellen Primärintensitäten von Protonen und Heliumkernen. Die Übereinstimmung mit den experimentellen Ergebnissen ist hier durch die Streuung der Meßergebnisse begrenzt.
3. Der Breiteneffekt in der sekundären Neutronenintensität sowie dessen Veränderung im Laufe des Sonnenfleckenzyklus.
4. Die Breitenabhängigkeit der Intensitätserniedrigungen in der sekundären Neutronenintensität während einzelner Forbush-Effekte.
5. Unter der Annahme eines einfachen Modells der Anisotropie kann auch die Breitenabhängigkeit der Amplituden und Phasen der Tagesgänge in der sekundären Neutronenintensität erklärt werden, sowie ein Jahresgang in der Amplitude der Tagesgänge voraussagend berechnet werden.

Zwischen dem Parameter μ (Energieverlust / Ruhenergie) und der sekundären Neutronenintensität ergab sich in guter Näherung ein linearer Zusammenhang; es ist daher möglich, durch Bodenmessungen auf die Primärintensität zu schließen.

Herrn Professor Dr. Alfred Ehmert,
der die Anregung zu dieser Arbeit gab,
danke ich herzlich für sein förderndes und
stetes Interesse am Fortgang der Arbeit.

7. Summary

It is suggested that a description of the modulation of galactic cosmic rays by an energy loss of cosmic ray particles in a heliocentric electric field can be used successfully instead of the true - but as yet not fully understood - modulation mechanism itself.

This description has the advantage of simplicity : the only parameter is the potential of the earth with respect to infinity. It is shown that this parameter is lineary correlated to the secundary neutron intensity measured by neutron monitors at ground stations.

The electric field modulation can describe, at least partially, the following data :

1. The modulation and energy dependence of the integral primary intensities of helium and proton nuclei up to energies of about 3000 GeV.
2. The modulation of the differential primary intensities of protons and α - particles.
3. The latitude effect of neutron monitors during both sunspot minimum and sunspot maximum.
4. The latitude effect of secundary neutron intensity-variations during Forbush effects.
5. The latitude dependence of the amplitude and phase of the daily variation in the secundary neutron intensity assuming a model for the anisotropies in the interplanetary space.

Anhang I

Zur Herleitung des differentiellen und integralen primären Spektrums der K.-S. nach EHMERT.

Betrachtet werde ein heliozentrisches elektrisches Feld. Aus dem Liouvilleschen Satz (vgl. [JOOS, 1959]) folgt, daß während der Bewegung geladener Teilchen durch konstante elektrische und magnetische Felder die Größe

$$\frac{dI}{dE} \cdot \frac{1}{p^2}$$

konstant bleibt [SWANN 1933, JANOSSY 1948, vgl. SINGER 1958]

Dabei bedeuten

$$\frac{dI}{dE} = \frac{\text{Anzahl der K.-S.-Teilchen}}{\text{cm}^2 \text{sec ster Energieintervall}}$$

p = Impuls eines Teilchens

Es werden o. B. d. A. nur Teilchen gleicher Art betrachtet, also z.B. Protonen oder α-Teilchen.

Es gilt also

$$\left.\frac{dI}{dE}\right|_{Erde} = \frac{p^2_{Erde}}{p^2_\infty} \cdot \left.\frac{dI}{dE}\right|_\infty \qquad (1)$$

Es bedeuten im Folgenden

- A = Nukleonenzahl des Kernes
- m_o = Ruhemasse des Protons
- e = Elementarladung
- Z = Kernladungszahl
- U = Potential am Ort der Erde (= Potentialdifferenz zwischen dem fernen Raum und dem Ort der Erde)
- c = Vakuum-Lichtgeschwindigkeit
- K = eine Proportionalitätskonstante (K > 0), die für jede Komponente der K.-S. gesondert zu bestimmen ist.

Führt man nach EHMERT [1960] die dimensionslosen Größen ein

$$\varepsilon = \frac{\text{Energie (total)}}{\text{Ruhenergie}} = \frac{\sqrt{(p \cdot c)^2 + (A \cdot m_o c^2)^2}}{A \cdot m_o c^2}$$

$$\pi = \frac{\text{Impuls x Lichtgeschwindigkeit}}{\text{Ruhenergie}} = \frac{p \cdot c}{A \cdot m_o c^2}$$

$$\mu = \frac{\text{Energieverlust}}{\text{Ruhenergie}} = \frac{Z \cdot e \cdot U}{A \cdot m_o c^2}$$

so lautet der EHMERTsche Ansatz für das Quellspektrum der Protonen und α-Teilchen (vgl. Kap. 2)

$$\frac{dI}{d\varepsilon}_\infty = - \frac{K}{(\varepsilon - 1 + \mu)^{2,5}} \tag{2}$$

mit

$$\varepsilon^2_{Erde} = \left(\frac{pc}{A \cdot m_o c^2}\right)^2 + 1 = \pi^2_{Erde} + 1$$

$$\varepsilon_\infty = \varepsilon_{Erde} + \mu$$

$$\pi^2_\infty = (\varepsilon_{Erde} + \mu)^2 - 1$$

$$\pi^2_{Erde} = \varepsilon^2_{Erde} - 1$$

folgt aus (1) und (2)

$$\frac{dI}{d\varepsilon}_{Erde} = - \frac{K}{(\varepsilon + \mu - 1)^{2,5}} \cdot \frac{\varepsilon^2 - 1}{(\varepsilon + \mu)^2 - 1} \tag{3}$$

Dies ist das gesuchte differentielle Spektrum.

Es läßt sich leicht verifizieren, daß das dazugehörige integrale Spektrum lautet

$$\frac{I(\varepsilon_\varphi)}{K} = \frac{(\mu+1)^2 - 1}{4(\varepsilon_\varphi + \mu - 1)^{1/2}} + \frac{5 - (\mu+1)^2}{6(\varepsilon_\varphi + \mu - 1)^{3/2}} + \frac{(1-\mu)^2 - 1}{5(\varepsilon_\varphi + \mu - 1)^{5/2}} +$$

$$+ \frac{(\mu+1)^2 - 1}{4 \cdot \sqrt{2}} \left[\text{arctg} \sqrt{\frac{\varepsilon_\varphi + \mu - 1}{2}} - \frac{\pi}{2} \right] \tag{4}$$

ε_φ ist die (breitenabhängige) Abschneideenergie

$I(\varepsilon_\varphi)$ ist das integrale Energiespektrum für gleichartige Teilchen mit Energien $> \varepsilon_\varphi$.

Eine Umrechnung auf die in den Abbildungen 1 - 15 aufgetragene Größe $dI/d\pi$ erhält man aus der Beziehung

$$\frac{dI}{d\pi} = \frac{dI}{d\varepsilon} \cdot \frac{d\varepsilon}{d\pi} = \frac{dI}{d\varepsilon} \cdot \frac{\pi}{\varepsilon}$$

Anhang II

Zur Berechnung der Erzeugungsfunktion (Specific Yield Function).

Entsprechend den Voraussetzungen, die in Kapitel 4, S. 17 ff. gemacht wurden, lautet die Formel zur Berechnung der Erzeugungsfunktion $S(R)$

$$N(R_c, t) = \int_{R_c}^{\infty} \left\{ S_{Prot}^{(N)}(R) \cdot K_{Prot} \left[\frac{dI}{dR}(R, \mu_{Prot}) \right] + 4 S_{Prot}^{(N)}\left(\frac{R}{2}\right) \cdot K_\alpha \left[\frac{dI}{dR}(R, \mu_\alpha) \right] \right\} dR$$

Wir beziehen uns nur auf Stationen, die in Meereshöhe liegen, so daß der Luftdruck nicht als Parameter aufgenommen wurde.

Wir zerlegen obiges Integral in eine Summe von Einzelintegralen, wobei wir die Intervalle der magnetischen Steifigkeit so eng wählen, daß wir in den einzelnen Intervallen in guter Näherung ln S, ln $((dI/dR)_{Prot})$ und ln $((dI/dR)_\alpha)$ als lineare Funktion von ln R betrachten können.

Sind R_i und R_{i+1} die Grenzen des i-ten magnetischen Steifigkeits-Intervalls, so gilt in diesem Intervall

$$S(R) = S(R_i) \cdot \left(\frac{R}{R_i}\right)^{X_i}$$

wobei X_i für jedes Intervall der magnetischen Steifigkeit nach der Formel zu berechnen ist:

$$X_i = \frac{\ln(S(R_{i+1})) - \ln(S(R_i))}{\ln(R_{i+1}) - \ln(R_i)}$$

$$\frac{dI}{dR}(R, \mu_{Prot}) = \frac{dI}{dR}(R_i, \mu_{Prot}) \cdot \left(\frac{R}{R_i}\right)^{Y_i}$$

$$\frac{dI}{dR}(R, \mu_\alpha) = \frac{dI}{dR}(R_i, \mu_\alpha) \cdot \left(\frac{R}{R_i}\right)^{Z_i}$$

Y_i und Z_i sind dabei für jedes Intervall der magnetischen Steifigkeit analog zu X_i zu berechnen.

Nunmehr lassen sich die Integrationen in den einzelnen Intervallen der magnetischen Steifigkeit ausführen und man erhält

$$N(R_c, t) = \sum_{i=0}^{n} \left\{ K_{Prot} \cdot R_i \cdot S_{Prot}^{(N)}(R_i) \cdot \frac{dI}{dR}(R_i, \mu_{Prot}) \cdot \frac{\left[\left(\frac{R_{i+1}}{R_i}\right)^{X_i + Y_i + 1} - 1\right]}{X_i + Y_i + 1} \right. +$$

$$\left. + K_\alpha \cdot R_i \cdot S\left(\frac{R_i}{2}\right) \cdot \frac{dI}{dR}(R_i, \mu_\alpha) \cdot \frac{\left[\left(\frac{R_{i+1}}{R_i}\right)^{X_i + Z_i + 1} - 1\right]}{X_i + Z_i + 1} \right\} \quad \text{(Ah 1)}$$

Die Funktion $S_{Prot}^{(N)}(R)$ wird approximativ bestimmt, so daß möglichst gute Übereinstimmung mit dem Experiment erreicht wird. Eine erste Näherung ist durch die von WEBBER und QUENBY [1959] berechnete Erzeugungsfunktion gegeben.

Oberhalb einer magnetischen Steifigkeit von 15 GV wurde für die Abhängigkeit von S(R) und R ein Potenzgesetz angenommen. Die Erzeugungsfunktion mußte dann so bestimmt werden, daß die Exponenten in den Teilintervallen stetig in den Exponenten für R > 15 GV übergehen. Es ergab sich

$$S(R) = S(15) \left(\frac{R}{15}\right)^{0,83}$$

R > 15 GV und R in [GV]

Die Erzeugungsfunktion soll nicht nur den Anpassungsbedingungen genügen, sondern auch die folgenden experimentellen Ergebnisse richtig wiedergeben:

a) Den Breiteneffekt in den sekundären Neutronenintensitäten.

b) Den Breiteneffekt in der Störungsamplitude.

(Ah 1) wurde auch zur Berechnung der Tagesgänge benutzt, wobei jedoch in den einzelnen Teil-Intervallen der magnetischen Steifigkeit verschiedene μ-Werte einzusetzen waren, entsprechend dem Modell der Anisotropie.

Literaturverzeichnis

AGRAWAL, P.C., S.V. DAMLE, G.S. GOKHALE, G. JOSEPH, P.K. KUNTE, M.G.K. MENON, and
R. SUNDERRAJAN :
: Flux of primary protons, and helium nuclei and East-West and North-South asymmetries near the geomagnetic equator. - Proc. Int. Conf. Cosmic Rays, London 1965, Vol. 1, 457 - 461.

AKASOFU, S.I. : Electrodynamics of the magnetosphere ; Geomagnetic storms. - Space Sci. Rev. VI, 21 - 143, 1966.

ALFVÉN, H. and C.G. FÄLTHAMMAR :
: Cosmical electrodynamics. - Oxford, Clarendon Press 1963.

ANAND, K.C., R.R. DANIEL, S.A. STEPHENS, B. BHOWMIK, C.S. KRISHNA, P.C. MATHUR, P.K.
ADITYA, and R.K. FURI : Energie spectrum of primary helium nuclei at energies greater than 6 GeV. - Proc. Int. Conf. Cosmic Rays, London, 1965, Vol. 1, 362 - 364.

BACHELET, E., P. BALATA, E. DYRING, and N. IUCCI :
: The intercalibration of the cosmic ray neutron monitors at 9 European sea-level stations and the deduction of a daily latitude effect in 1963. - Nuovo Cim. $\underline{36}$, 762 -772, 1965.

BRAY, A.D., D.F. CHRAWFORD, D.L. JAUNCEY, C.B.A. MELLEY, D. NELSON, P.C. POOLE, M.H.
RATHGEBER, S.H. SEET, J. ULRICHS, R.H. WAND, and M.M. WINN :
: Studies of the cores of extensive air showers. - Proc. Int. Conf. Cosmics Rays, London 1965, Vol. 2, 668 - 671.

CHAPMAN, S. and J. BARTELS : Geomagnetism. - Vol. II, Oxford, Clarendon Press. 1951.

DORMAN, L.I. : Cosmic ray variation. - Translation prepared by technical documents liaison office MCLTD WRIGHT-Patterson Air Force Base, Ohio 1957.

DORMAN, L.I., J.L. BLOCH, and N.S. KAMINER :
: Eigenschaften des Intensitätsanstieges der Intensität der Kosmischen Strahlung im Minimum des Forbush-Effektes. - Kosmitscheskie Lutschi Nr. 4, 5 - 15, Moskau 1961.

EHMERT, A. : Die Intensitätsschwankungen der Kosmischen Strahlung. - Vorträge und Berichte der gemeinsamen Tagung der Arbeitsgem. Ionosph., des Deutschen URSI-Landesausschusses und der Fachgruppe Wellenausbreitung der NTE Kleinheubach 1959.

EHMERT, A. : On the modulation of the primary cosmic ray spectrum by solar activity. - Proc. Moscow Conf. on Cosmic Rays, IV, 142 - 148, 1960a.

EHMERT, A. : Electric field modulation. - Space Res. I, 1000 - 1008, North-Holland Publishing Company - Amsterdam 1960b.

EHMERT, A. : Die Variationen der Kosmischen Strahlung. - Physikertagung, Wiesbaden 1960, Hauptvorträge, 13 - 41, Physik-Verlag, Mosbach/Baden 1961.

EHMERT, A. : Die Kosmische Strahlung in der Geophysik. Kernstrahlung in der Geophysik. 343 - 389, Springer-Verlag, 1962.

ERBE, H. : Auswirkungen der Variationen der primären kosmischen Strahlung auf die Mesonen- und Nukleonenkomponente am Erdboden. - Mittlg. aus d. Max-Planck-Inst. f. Aeronomie Nr. 2, 1959.

FABIAN, P. : Über den Zusammenhang zwischen der Modulation der Kosmischen Strahlung und den Variationen des erdmagnetischen Ringstromfeldes. - Unveröffentlichte Institutsarbeit, 1962.

FAN, C.Y., P. MEYER, and J.A. SIMPSON :
: Experiments on the eleven year changes of cosmic ray intensity using a space probe. - Phys. Rev. Letters 5, 272 - 274, 1960.

FICHTEL, C.E., D.E. GUSS, D.A. KNIFFEN, and K.A. NEELAKANTAN :
: Modulation of low-energy galactic cosmic ray hydrogen and helium. - J. Geophys. Res. $\underline{69}$, 3293 - 3295, 1964.

FREIER, P.S. and C.J. WADDINGTON :
: The helium nuclei of the primary cosmic radiation as studied over a solar cycle of activity, interpreted in terms of electric field modulation. - Space Sci. Rev. $\underline{4}$, 313 - 372, 1965.

GINZBURG, V.L. and S.I. SYROVATSKY:
: The origin of cosmic rays. - Proc. Int. Conf. Cosmic Rays, Jaipur, III, 301 - 332, 1963.

HATTON, C.J. and D.A. CARSWELL: Asymptotic directions of approach of vertically incident cosmic rays for 85 neutron monitor stations. - Atomic Energy of Canada limited, 1963, AECL-1824.

HEISENBERG, W.: Kosmische Strahlung. - Springer-Verlag, 1953.

JOOS, G.: Lehrbuch der theoretischen Physik. - Akadem. Verlagsges. mbH, Frankfurt/Main, S. 544 ff, 1959.

KIRSCH, E.: Die Anisotropien der Kosmischen Strahlung. - Mitteilungen aus dem Max-Planck-Institut f. Aeronomie Nr. 16, 1964.

KONDO, I. and K. NAGASHIMA: On worldwide cosmic-ray intensity increase associated with cosmic-ray storms. - Proc. of the Moscow Cosmic-Ray Conf. 1960, Vol. IV, 208 - 215.

KRIMIGIS, S.M.: Interplanetary diffusion model for the time behavior of intensity in a solar cosmic ray event. - J. Geophys. Res. 70, 2943 - 2960, 1965.

KRIMSKY, G.F.: Diffusion mechanism of cosmic ray daily variation. - Proc. Int. Conf. Cosmic Rays, London 1965, Vol. 1, 197 - 198.

MATHEWS, T. and M. KODAMA: Magnetic rigidity dependence of eleven year variation in cosmic ray intensity. - J. Geophys. Res. 69, 4429 - 4434, 1964.

McDONALD, F.B. and W.R. WEBBER:
: Cerenkov scintillation counter measurements of the intensity and modulation of low rigidity cosmic rays and features of the geomagnetic cutoff rigidity. - J. Geophys. Res. 69, 3097 - 3114, 1964.

NAGASHIMA, K.: On the relation between the cosmic ray intensity and the geomagnetic storms. - J. Geomagn. Geoelectr. 3, 100 - 116, 1951.

NAGASHIMA, K.: The world-wide variation of cosmic ray intensity by the electromagnetic field. - J. Geomagn. Geoelectr. 5, 141 - 167, 1953.

NEHER, H.V. and H.R. ANDERSON: Cosmic ray changes during a solar cycle. - Proc. Int. Conf. Cosmic Rays, London, 1965, Vol 1, 153 - 156.

ORMES, J. and W.R. WEBBER: Measurements of low-energy protons and alpha-particles in the cosmic radiation. - Phys. Rev. Letters 13, 106 - 108, 1964.

PARKER, E.N.: A brief outline of the development of cosmic ray modulation theory. - Proc. Int. Conf. Cosmic Rays, London 1965, Vol. 1, 26 - 34.

QUENBY, J.J.: The time variations of the cosmic ray intensity. - Handb. d. Physik, Vol. 46, 2 (in preparation).

SANDSTRÖM, A.E.: Cosmic Ray Physics. - North-Holland Publishing Company, Amsterdam 1965.

SINGER, S.F.: The primary cosmic radiation and its time variation. - Progr. in Elementary Particle and Cosmic Ray Physics Vol. IV, 203 - 335, (p. 238 ff.) 1958.

SNYDER, C.W. and M. NEUGEBAUER:
: Interplanetary solar-wind measurements by Mariner II. - Space Res. IV, 89 - 113, 1964.

STÖRMER, E.: The polar aurora. - Oxford Univ. Press, 1955.

WAIBEL, E.: Alpha particle and proton fluxes of the primary cosmic radiations and their time variations. - J. Atmosph. Terr. Physics, Vol. 24, 779 - 784, 1962.

WALTHER, E.: Untersuchungen ausgeprägter Tagesgänge der kosmischen Strahlung nach erdmagnetischen Störungen. - Unveröffentlichte Institutsarbeit, 1963.

WEBBER, W.R. and J.J. QUENBY: On the derivation of cosmic ray specific yield functions. - Phil. Mag. (Eight Ser.), Vol. 4, 654 - 664, 1959.

WEBBER, W.R.: Time variations of low rigidity cosmic rays during the recent sunspot cycle. - Progress in Elementary Particle and Cosmic Ray Physics, Vol. VI, 79 - 243, (172 - 173), 1962.

WEBBER, W.R. and F.B. McDONALD:
: Cerenkov scintillation counter measurements of the intensity and modulation of low rigidity cosmic rays and features of the geomagnetic cutoff rigidity. - J. Geophys. Res. 69, 3097 - 3114, 1964.

WILLCOX, J.M. and N.F. NESS: Quasi-stationary corotating structure in the interplanetary medium. - J. Geophys. Res 70, 5793 - 5805, 1965.

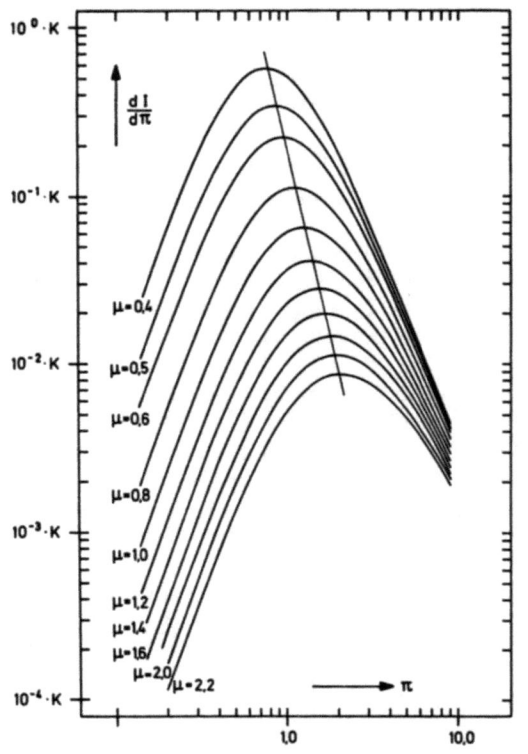

Abb. 1: Differentielle Primärspektren der Kosmischen Strahlung [EHMERT, 1960].

Es bedeute R [GV] die magnetische Steifigkeit,

$\frac{dP}{dR} \left[\frac{\text{Anzahl}}{m^2 \, \text{sec ster MV}} \right]$ die differentielle Zählrate,

Z = die Kernladungszahl,

A = die Nukleonenzahl des Kernes,

so wird $\frac{dI}{d\pi} = \frac{dP}{dR} \cdot \frac{Z}{A} \cdot \frac{938,26}{K}$

$\pi = R \cdot \frac{Z}{A} \cdot \frac{1}{0,93826}$.

Für K ist einzusetzen:

Für α-Teilchen $K = 679 \, \frac{\alpha}{m^2 \, \text{sec ster}}$

für Protonen $K_{Proton} = 15826 \, \frac{\text{Protonen}}{m^2 \, \text{sec ster}}$

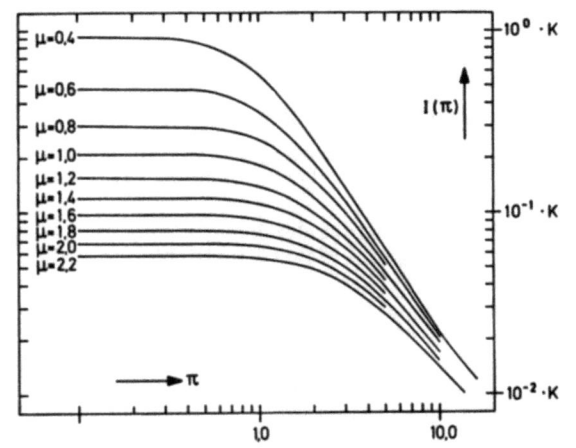

Abb. 2: Integrale Primärspektren der Kosmischen Strahlung [EHMERT, 1960].

es bezeichne R [GV] die magnetische Steifigkeit,

$P(R) \left[\frac{\text{Anzahl}}{m^2 \, \text{sec ster}} \right]$ die gemessene integrale

Intensität von Protonen oder α-Teilchen mit einer magnetischen Steifigkeit > R,

Z = die Kernladungszahl,

A = die Nukleonenzahl des Kernes.

Man erhält $I(\pi) = \frac{P}{K}$

$\pi = R \cdot \frac{Z}{A} \cdot \frac{1}{0,93826}$

Für K ist einzusetzen:

Für α-Teilchen $K = 679 \, \frac{\alpha}{m^2 \, \text{sec ster}}$

Für Protonen $K_{Prot} = 15826 \, \frac{\text{Protonen}}{m^2 \, \text{sec ster}}$

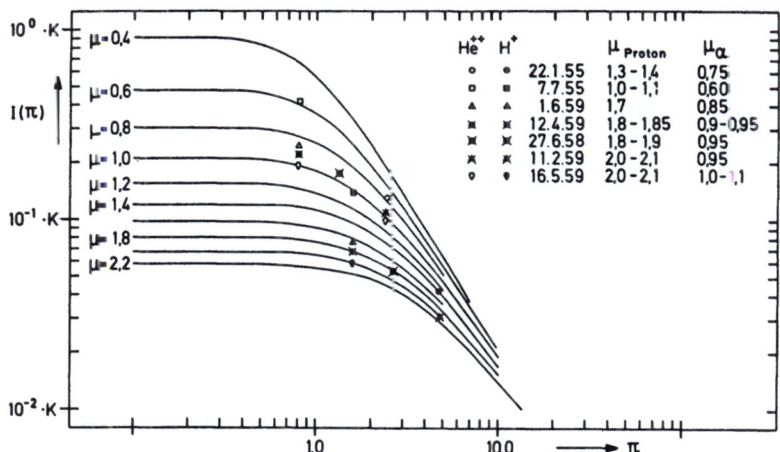

Abb. 3: Messungen der integralen Primärintensitäten der KS nach McDONALD und WEBBER [1962].
Berechnete Kurven nach EHMERT [1960].

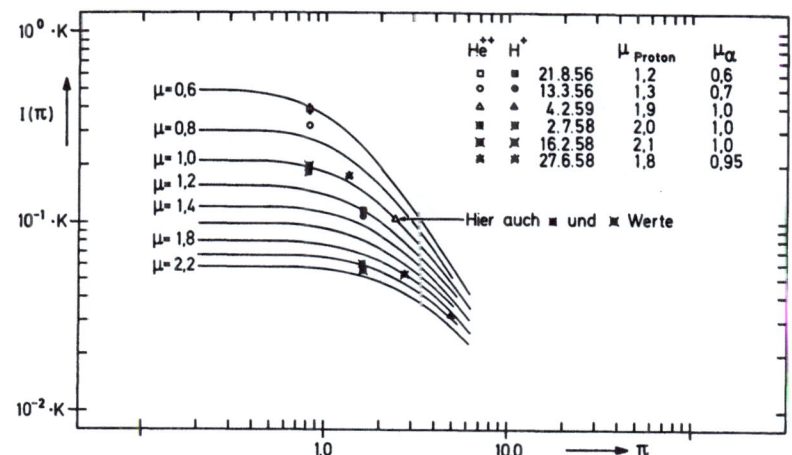

Abb. 4: Messungen der integralen Primärintensitäten der KS nach McDONALD und WEBBER [1962], sowie berechnete Spektren nach EHMERT [1960].

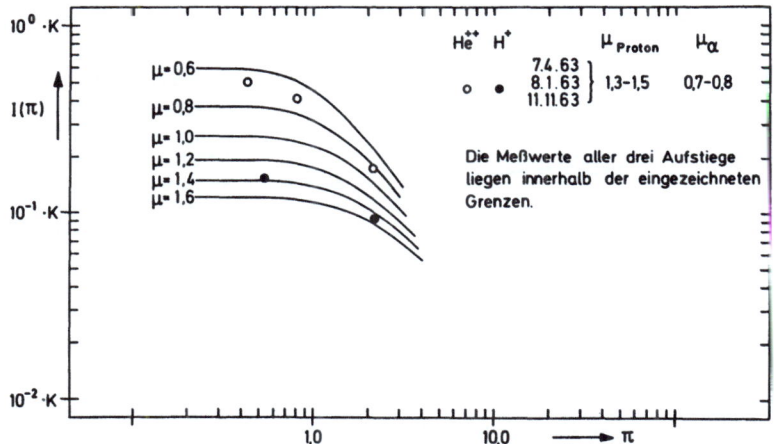

Abb. 5: Messungen der Primärintensitäten nach ORMES und WEBBER [1964], sowie Berechnungen der integralen Spektren nach EHMERT [1960].

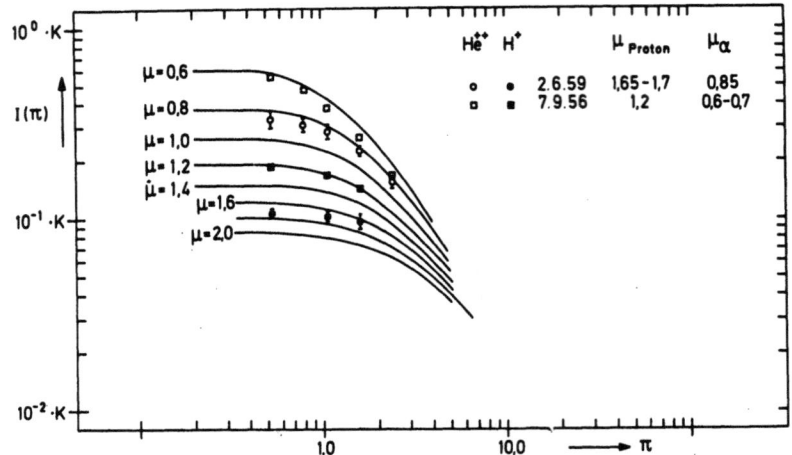

Abb. 6: Messungen der integralen Primärintensität nach WEBBER und McDONALD [1962].
Berechnungen der integralen Spektren nach EHMERT [1960].

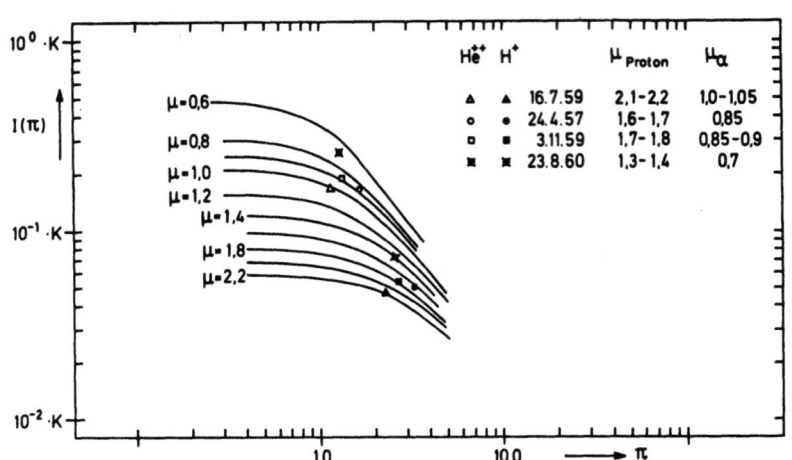

Abb. 7: Messungen der integralen Primärintensität nach WAIBEL [1962].
Berechnete integrale Spektren nach EHMERT [1960].

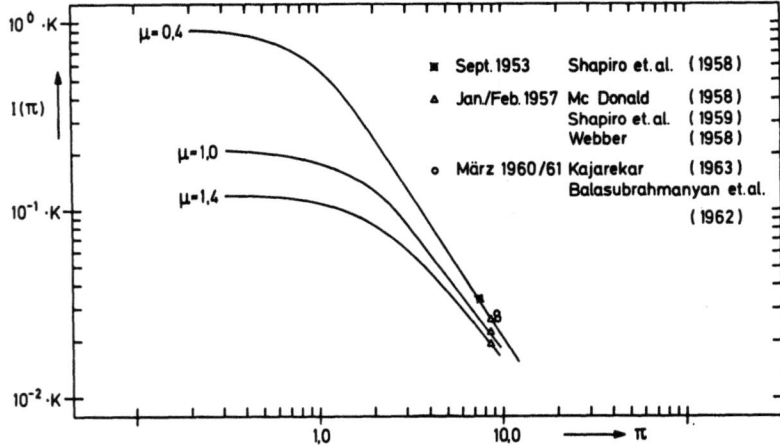

Abb. 8: Messungen integraler He^{++} Primärintensitäten und berechnete integrale Spektren nach EHMERT.
Literaturzitate aus FREIER und WADDINGTON [1965].

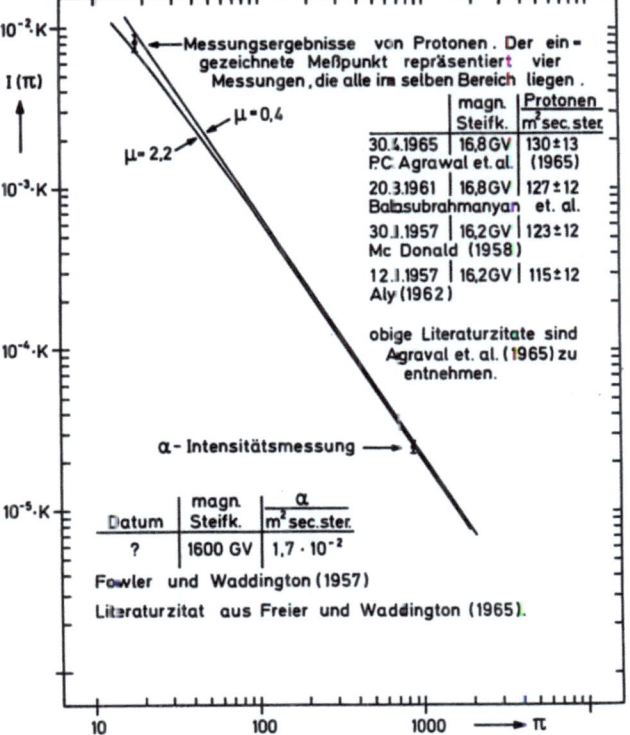

Abb. 9:

Messungen integraler Primärintensitäten im hochenergetischen Bereich.

Berechnete Primärspektren nach EHMERT.

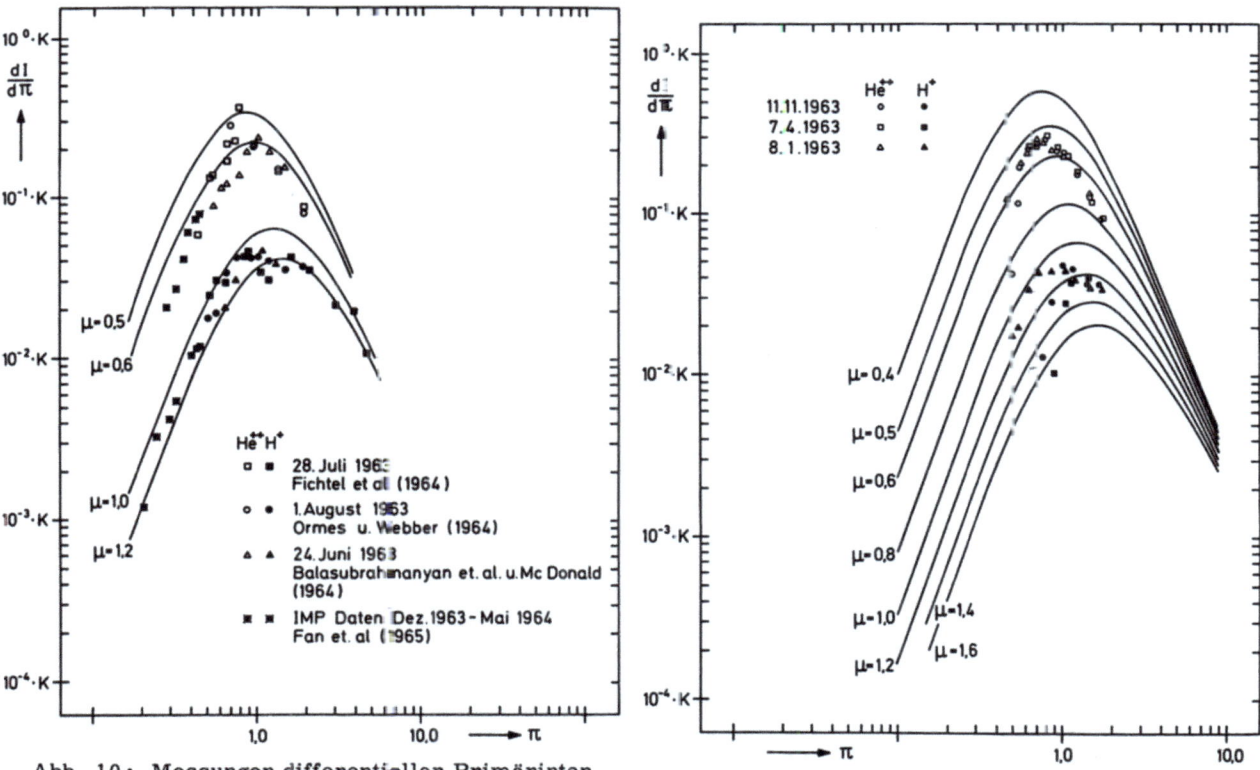

Abb. 10: Messungen differentieller Primärintensitäten der KS.
Berechnete differentielle Spektren nach EHMERT [1960].
Literaturzitate aus FREIER u. WADDINGTON [1965].

Abb. 11: Messungen differentieller Primärintensitäten nach ORMES und WEBBER [1964].
Berechnete differentielle Primärspektren nach EHMERT [1960].

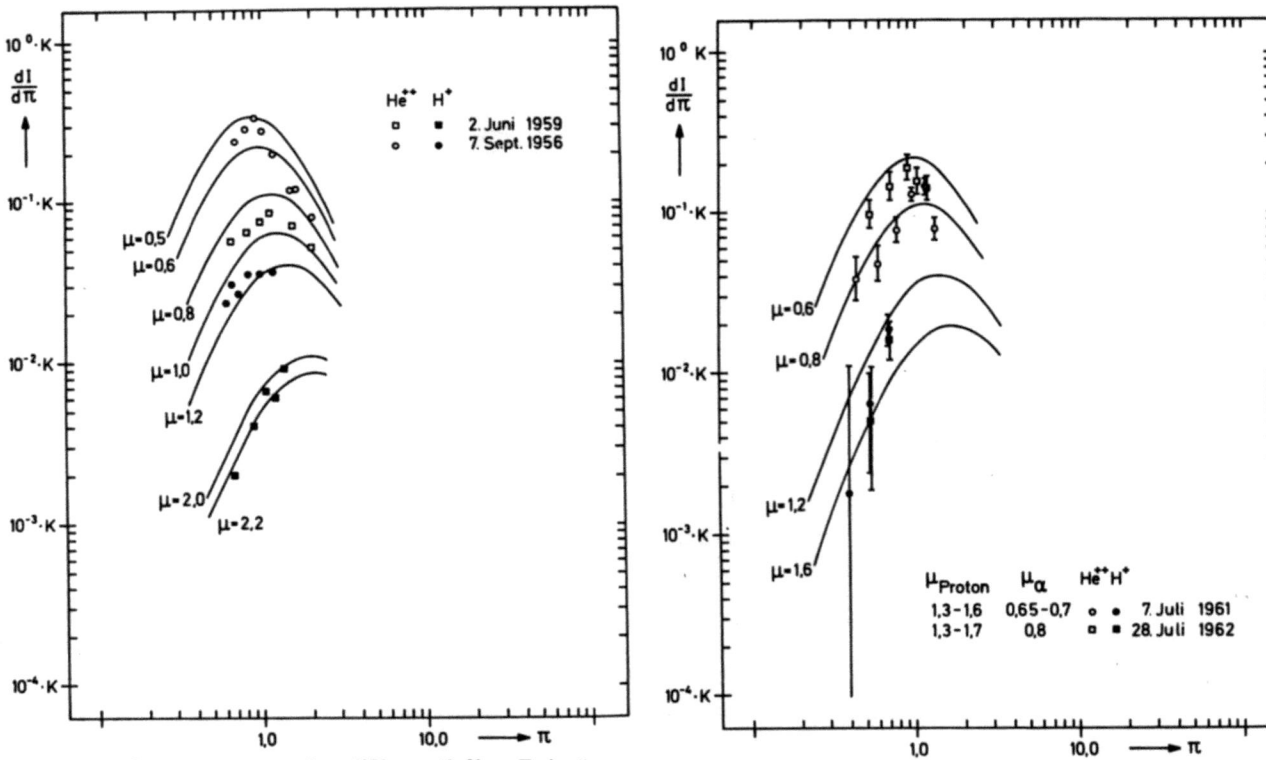

Abb. 12: Messungen der differentiellen Primärintensitäten nach McDONALD und WEBBER (vgl. WEBBER [1962]). Berechnete differentielle Spektren nach EHMERT.

Abb. 13: Messungen der differentiellen Primärintensitäten nach FICHTEL et al. [1964]. Berechnete differentielle Primärspektren nach EHMERT.

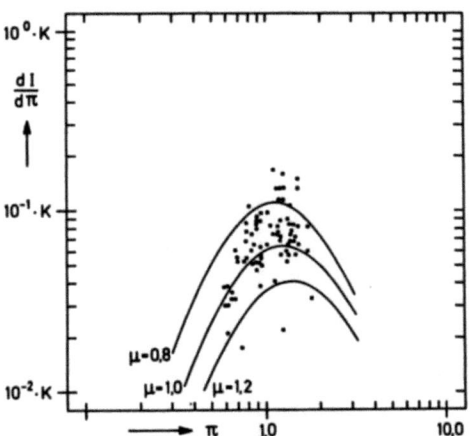

Abb. 14: Messungen der primären α-Intensitäten in den Jahren 1957, 1958, 1959 nach FREIER und WADDINGTON [1964]. Berechnete differentielle Spektren nach EHMERT.

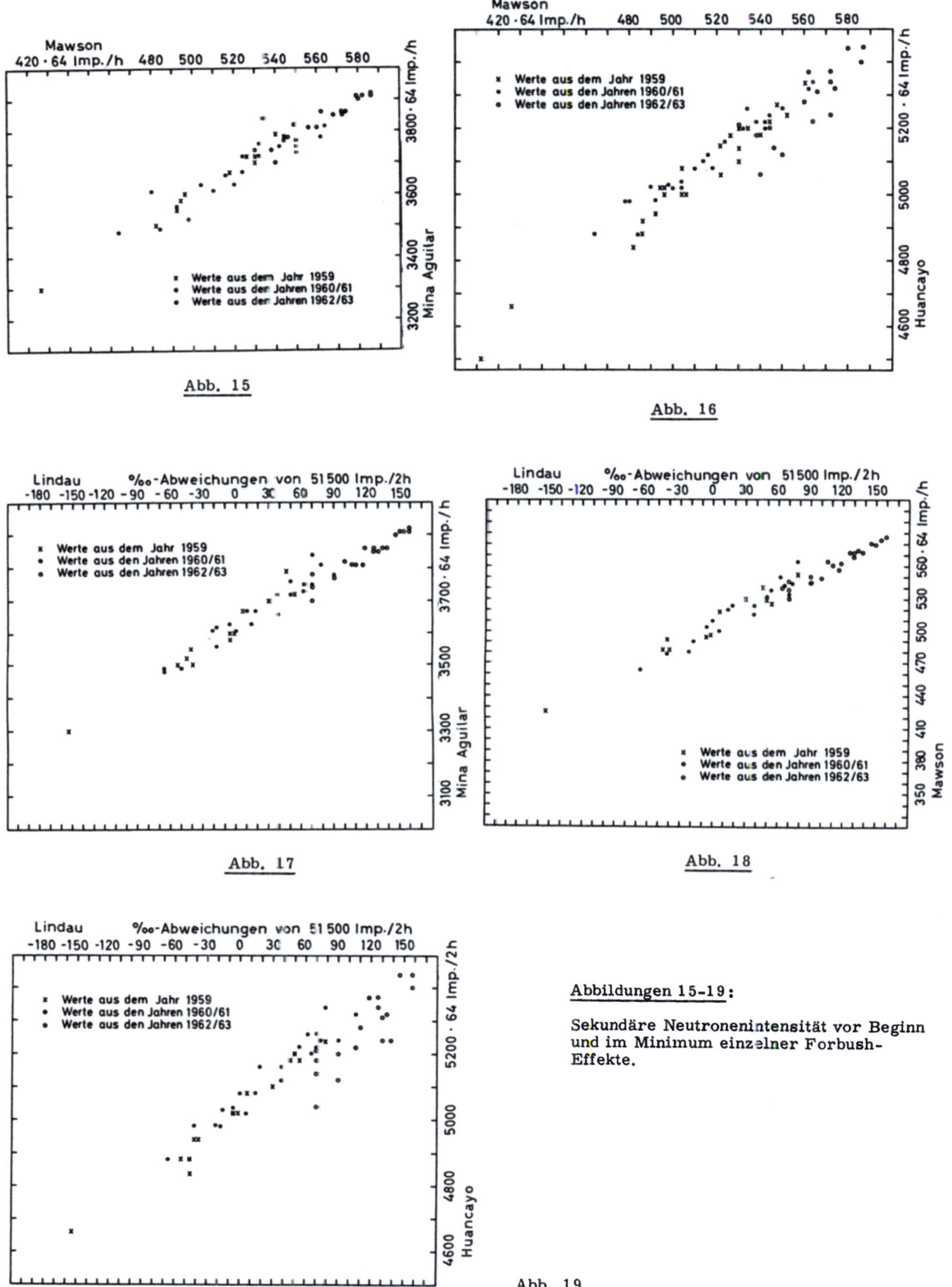

Abbildungen 15-19:

Sekundäre Neutronenintensität vor Beginn und im Minimum einzelner Forbush-Effekte.

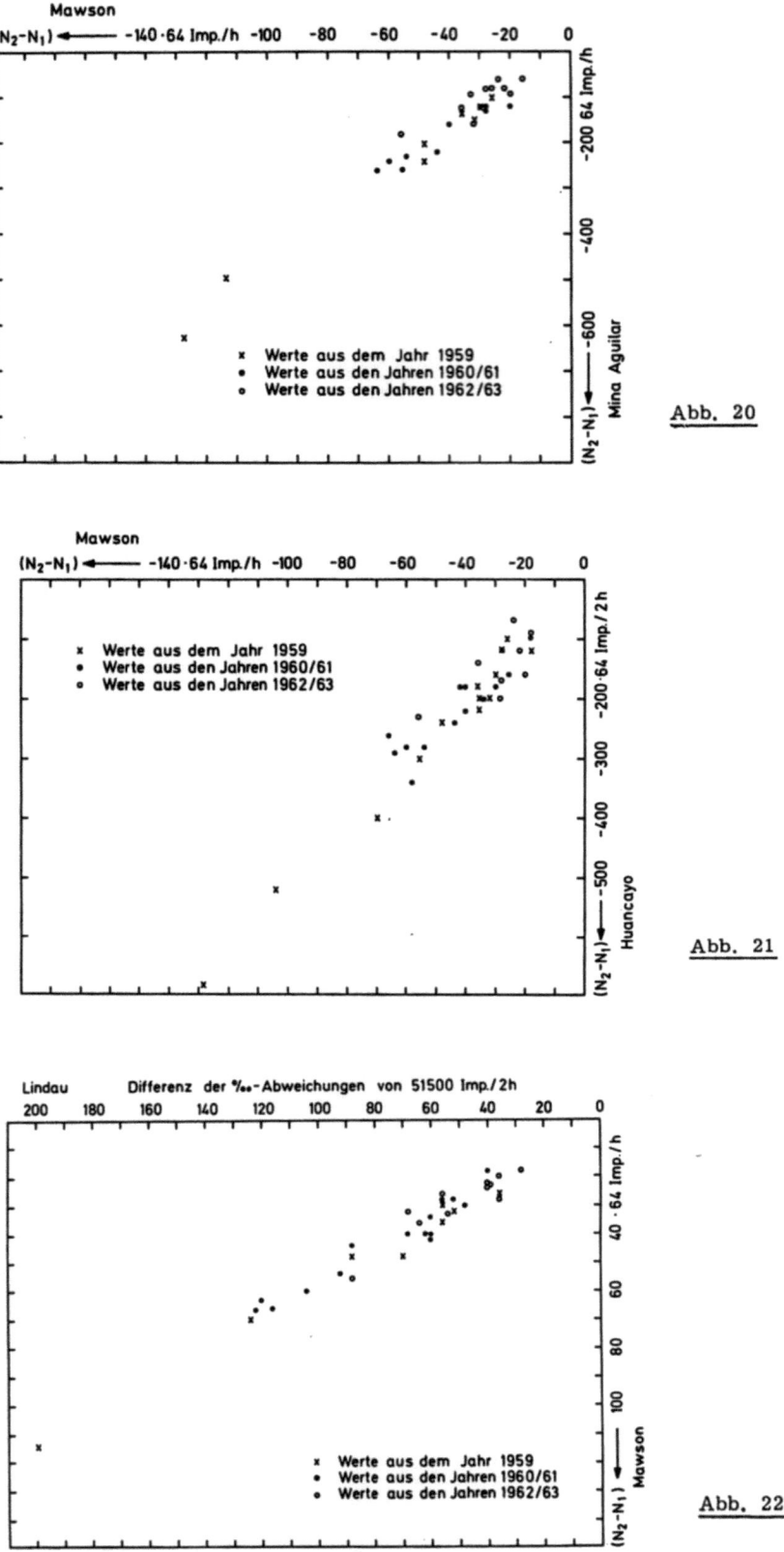

Abbildungen 20 - 22:

Differenzen der sekundären Neutronenintensitäten vor Beginn und im Minimum einzelner Forbush-Effekte.

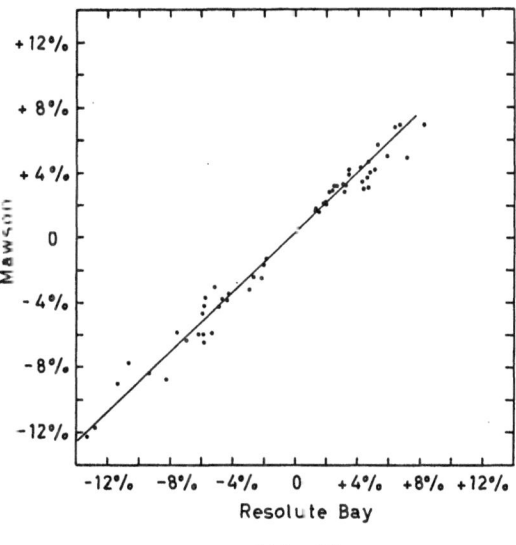

Abb. 23

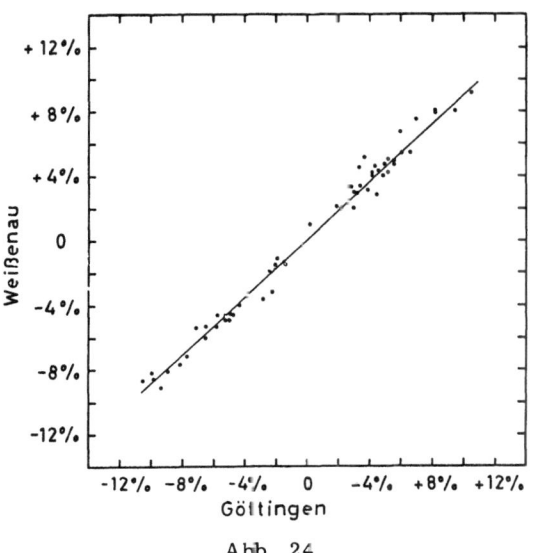

Abb. 24

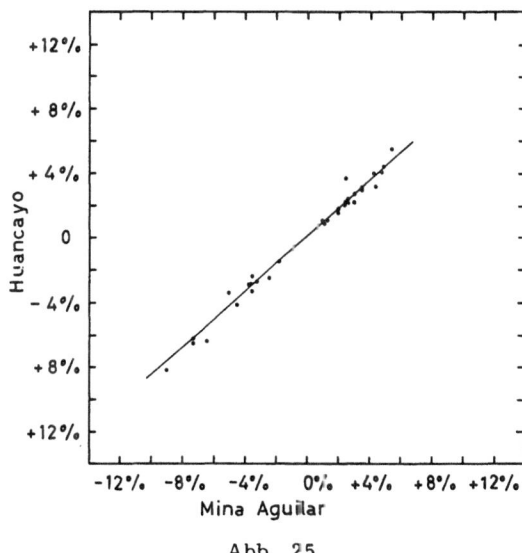

Abb. 25

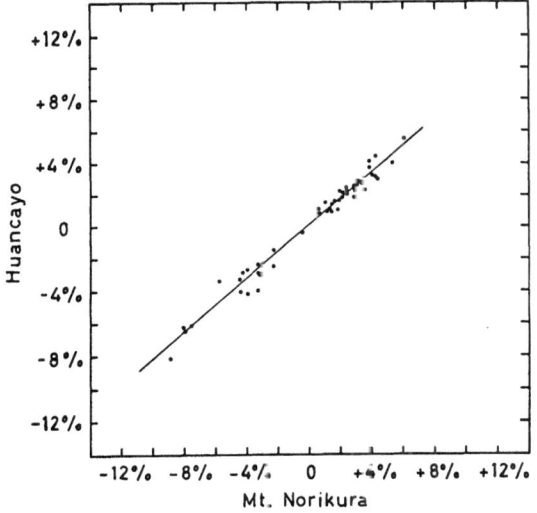

Abb. 26

Abbildungen 23 - 26:

Prozentuale Änderungen der sekundären Neutronenintensität während einzelner Störungen
- Epoche Juli 1957 - Dezember 1958.

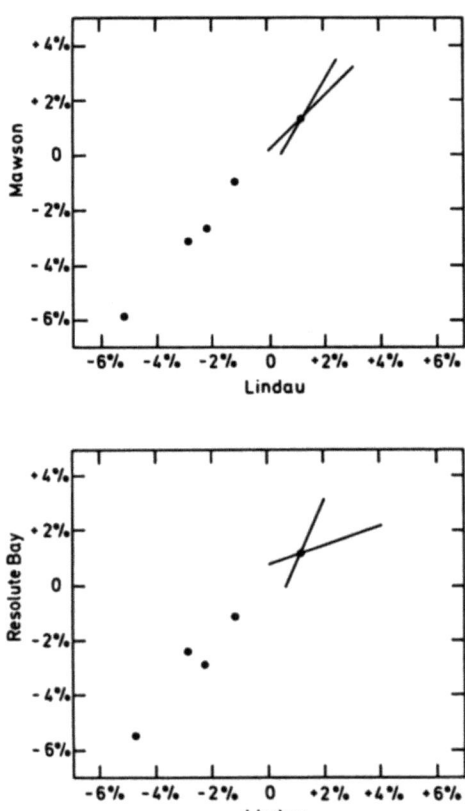

Abb. 27: Prozentuale Abweichung der Tagesmittel der sekundären Neutronenintensität voneinander. Mittelwerte über alle Abweichungen, die in Lindau zwischen -1% und -2%, zwischen -2% und -3% usw. liegen.
Zeitepoche 1960 bis 1963. Die beiden Geraden im positiven Bereich sind beste Gerade durch den Schwerpunkt der Punktwolke im positiven Bereich.

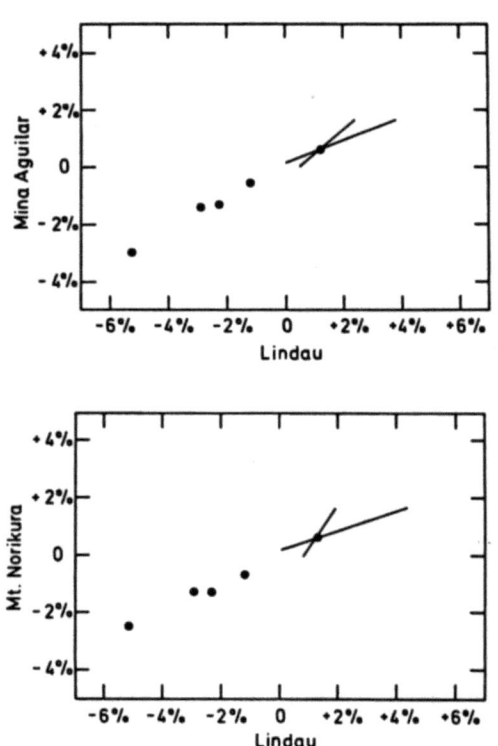

Abb. 28: Mittlere prozentuale Abweichung der Tagesmittel vom Vortag für die sekundäre Neutronenintensität. Auswahl nach Abweichungen in Lindau;
Epoche 1960 bis 1963 (vgl. Text der Abbildung 27).

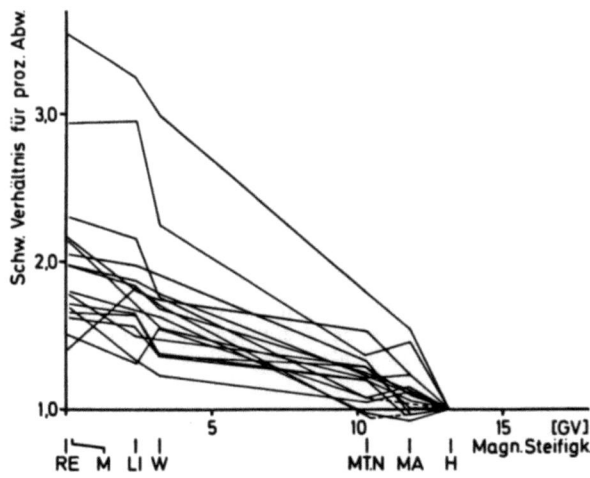

Abb. 29: Verhältnis der prozentualen Intensitätserniedrigungen der sekundären Neutronen zur Zeit des Sonnenfleckenmaximums 1957/58/59 während einzelner Störungen bezogen auf die prozentuale Intensitätserniedrigung in Huancayo.

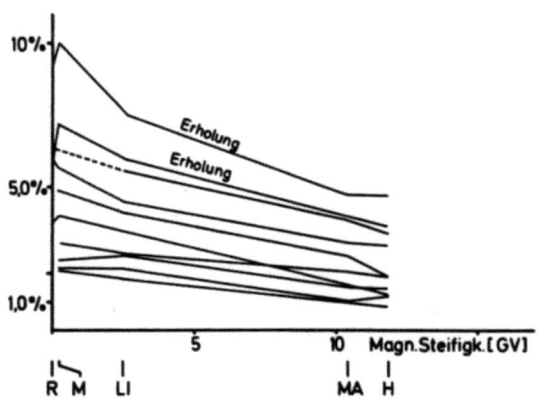

Abb. 30: Prozentuale Intensitätsänderungen in der sekundären Neutronenintensität während einzelner Störungen im Sonnenfleckenminimum 1962/63.

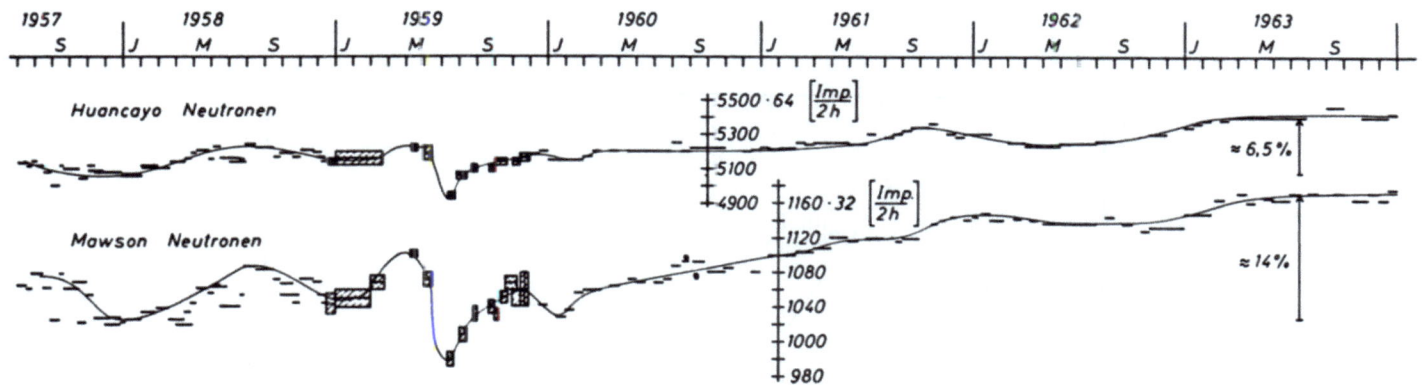

Abb. 31: Mittlere sekundäre Neutronenintensität nach Elimination der Forbush-Effekte

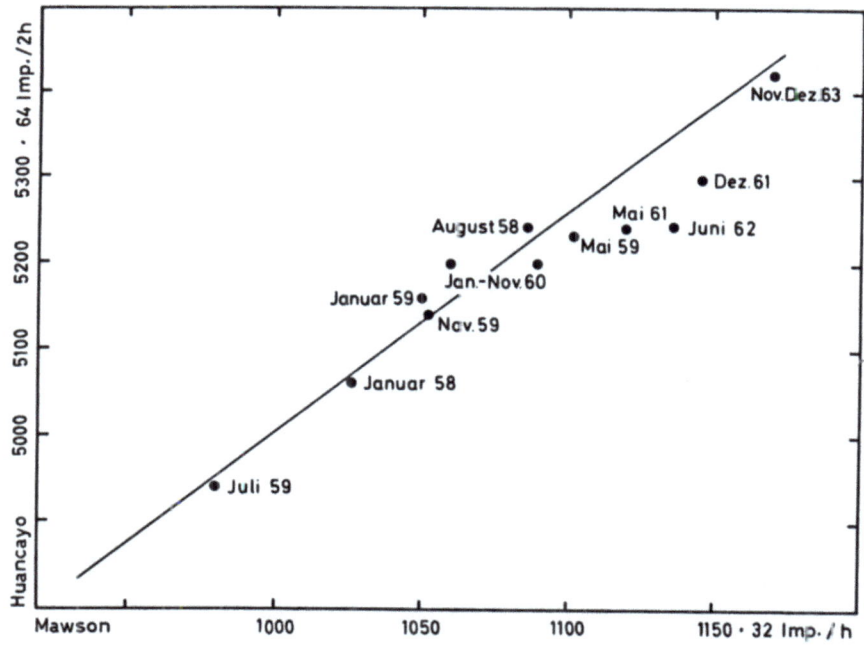

Abb. 32: Langzeiteffekt in der Neutronenintensität der Stationen Mawson und Huancayo, bestimmt aus den Hüllkurven der Abb. 31.

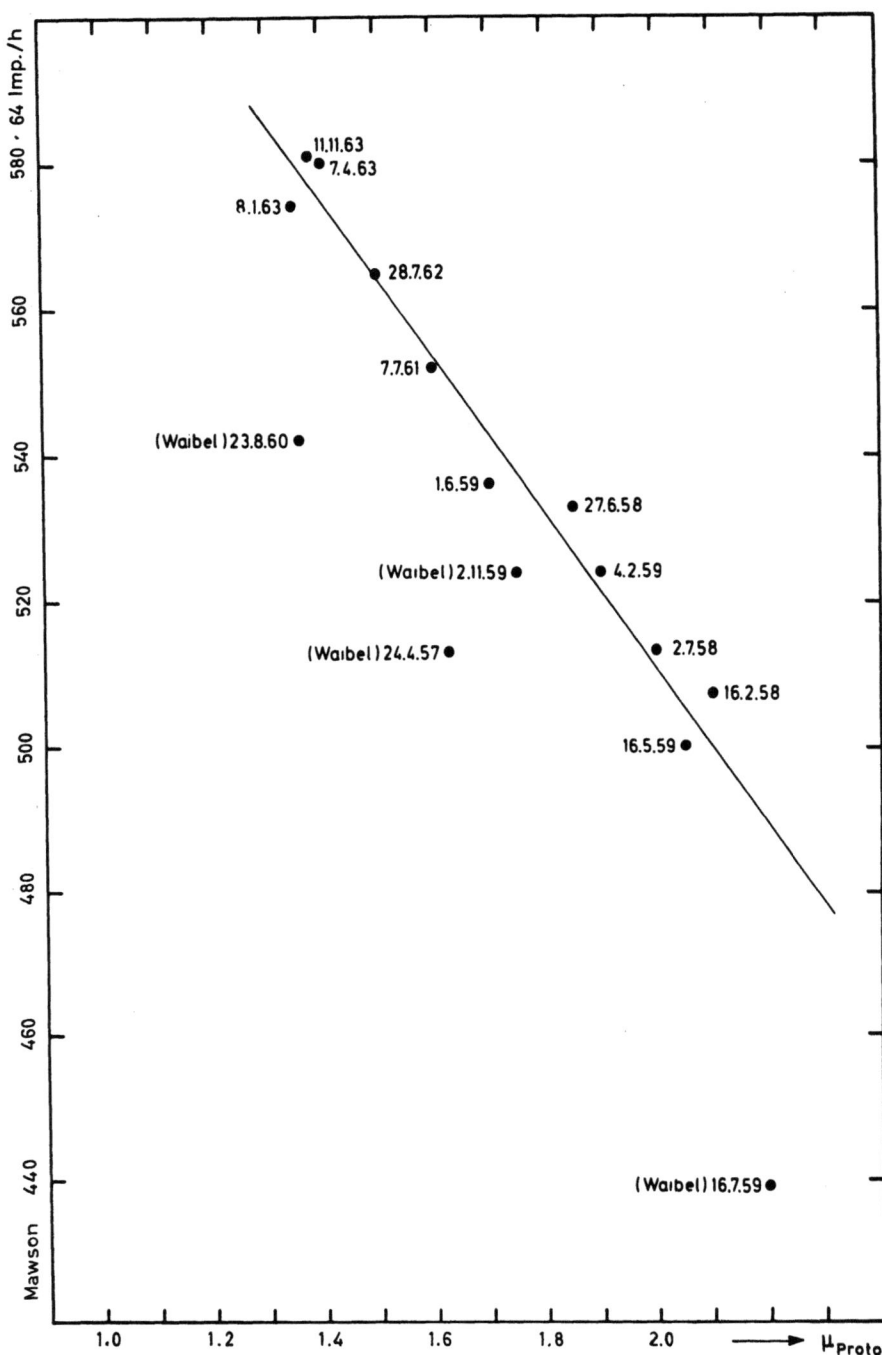

Abb. 33: Nach Ergebnissen von Ballonaufstiegen bestimmte μ_{Proton}-Werte (vgl. Abb. 3-9) und Tagesmittelwerte der Neutronenintensität von Mawson

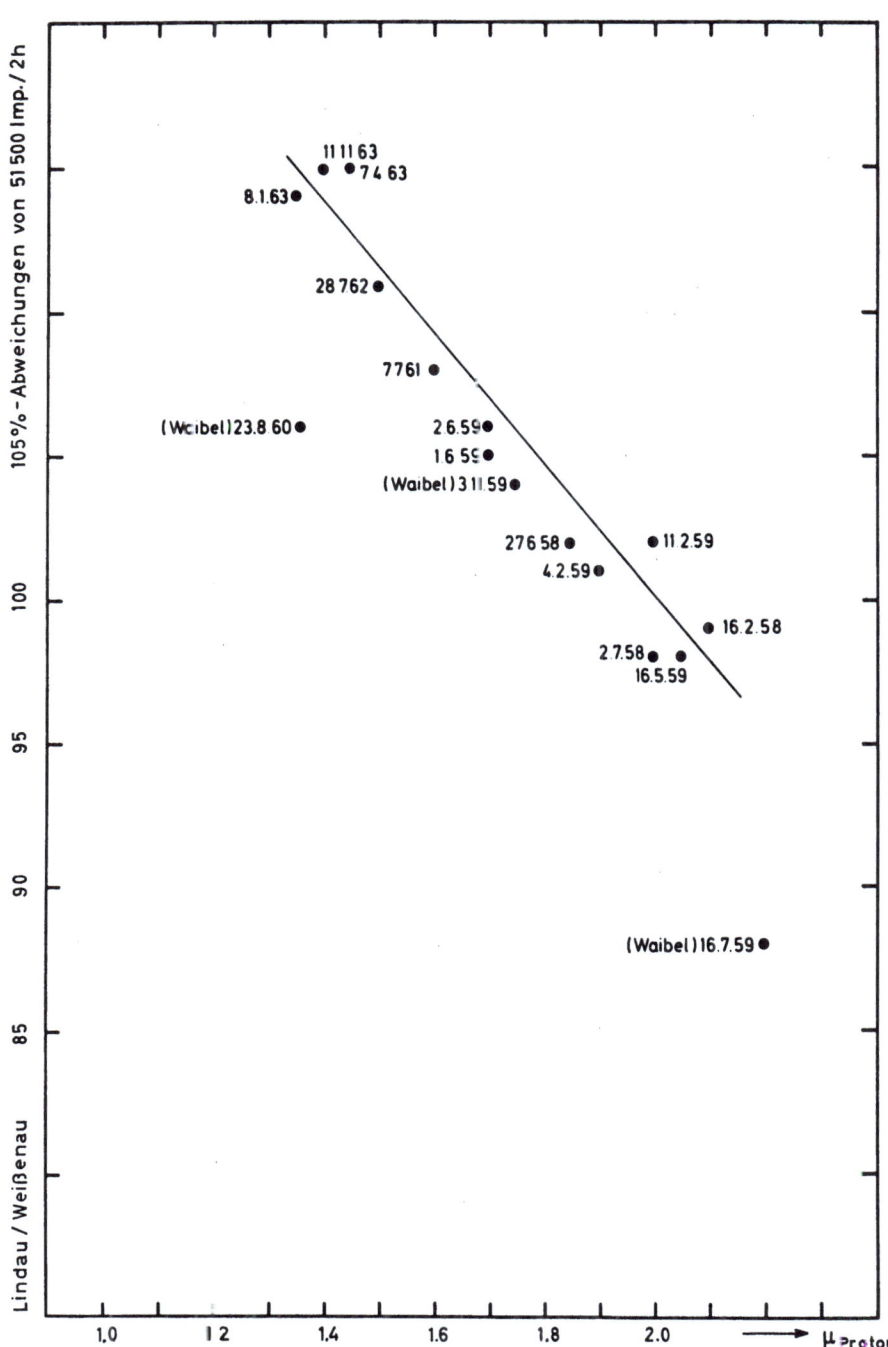

Abb. 34: Nach Ergebnissen von Ballonaufstiegen bestimmte μ_{Proton}-Werte und Tagesmittelwerte der Neutronenintensität in Lindau und Weißenau

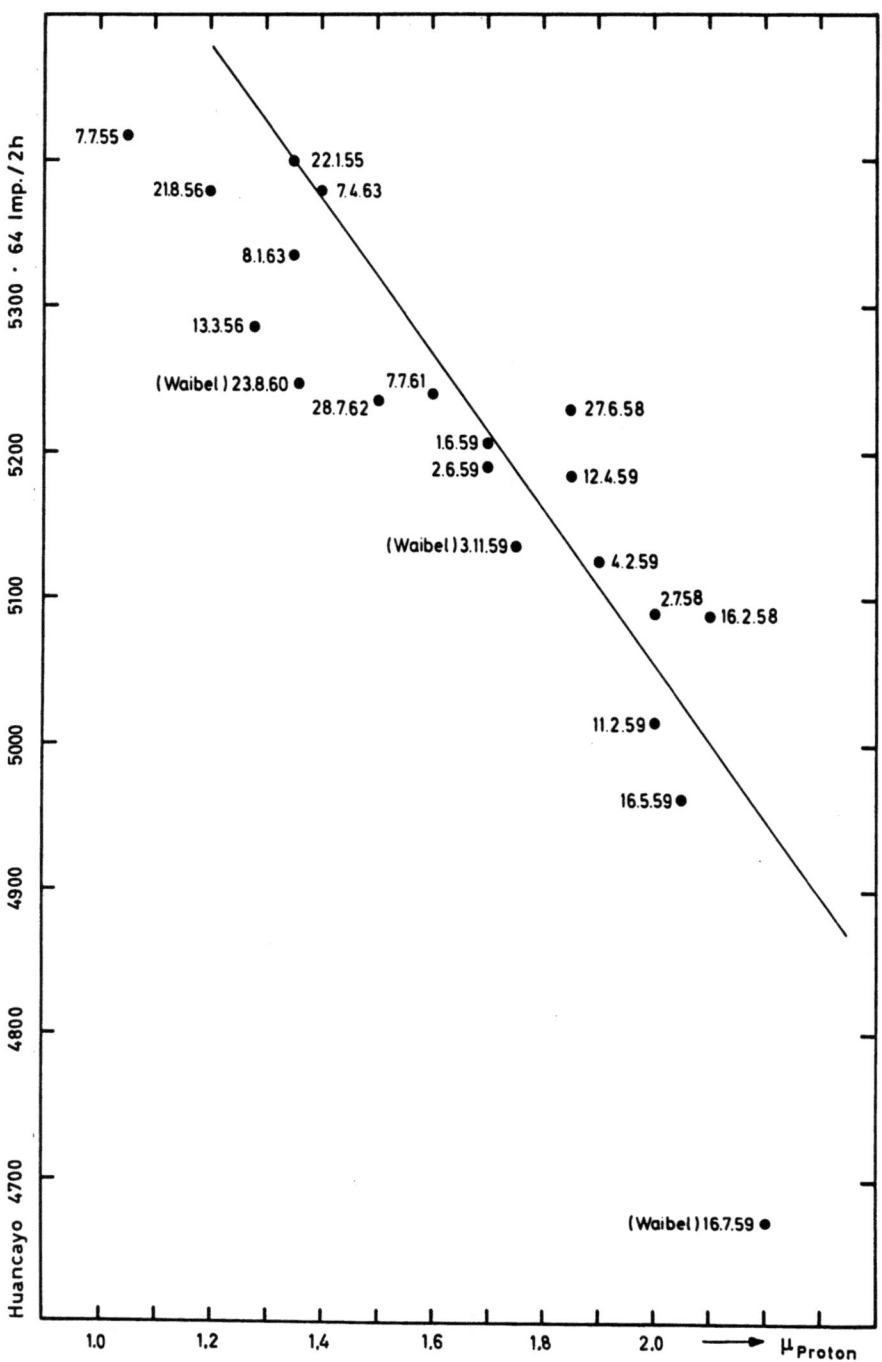

Abb. 35: Nach Ergebnissen von Ballonaufstiegen bestimmte μ_{Proton}-Werte und Tagesmittelwerte der Neutronenintensität von Huancayo

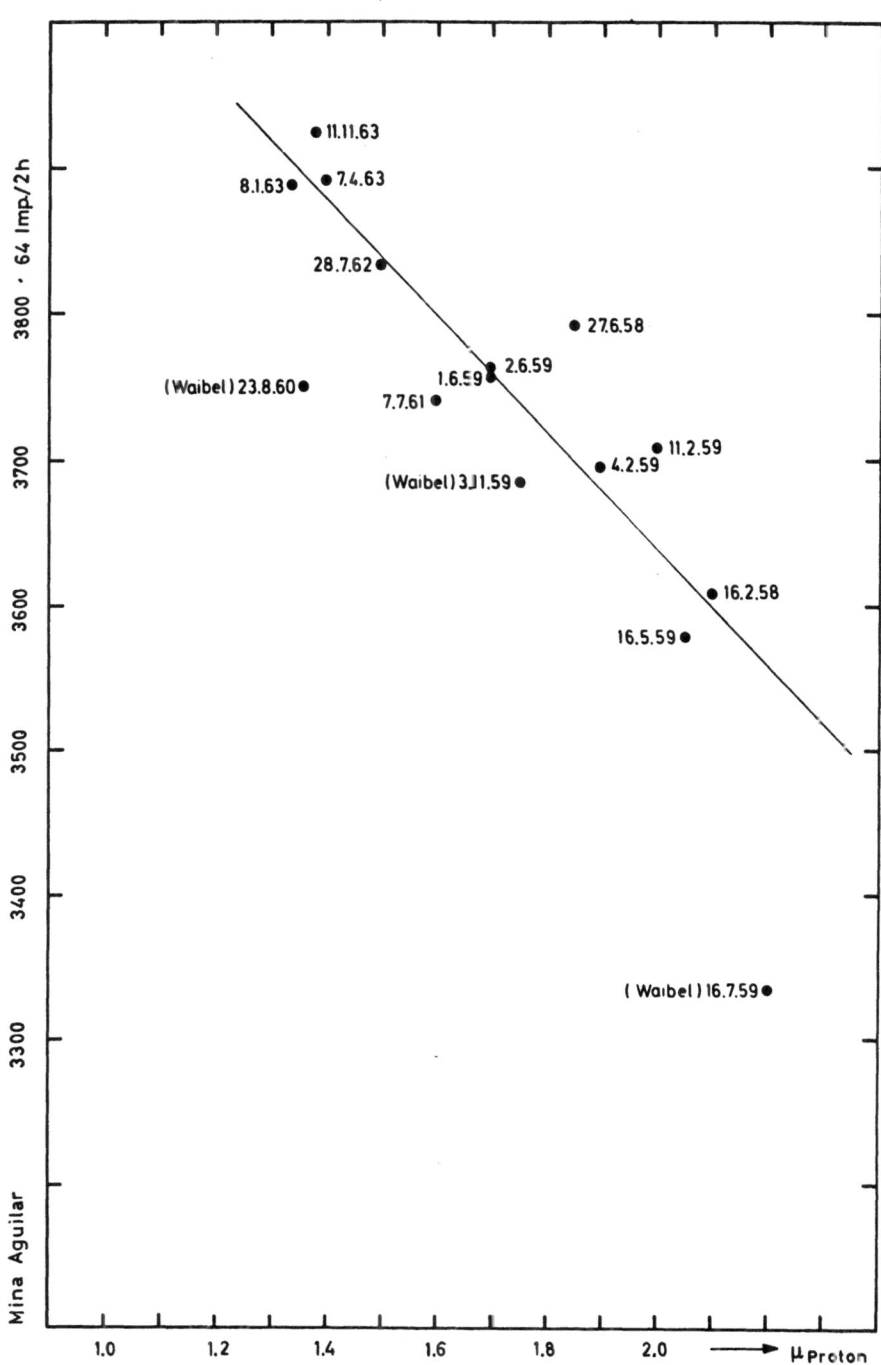

Abb. 36: Nach Ergebnissen von Ballonaufstiegen bestimmte μ_{Proton}-Werte und Tagesmittelwerte der Neutronenintensität von Mina Aguilar

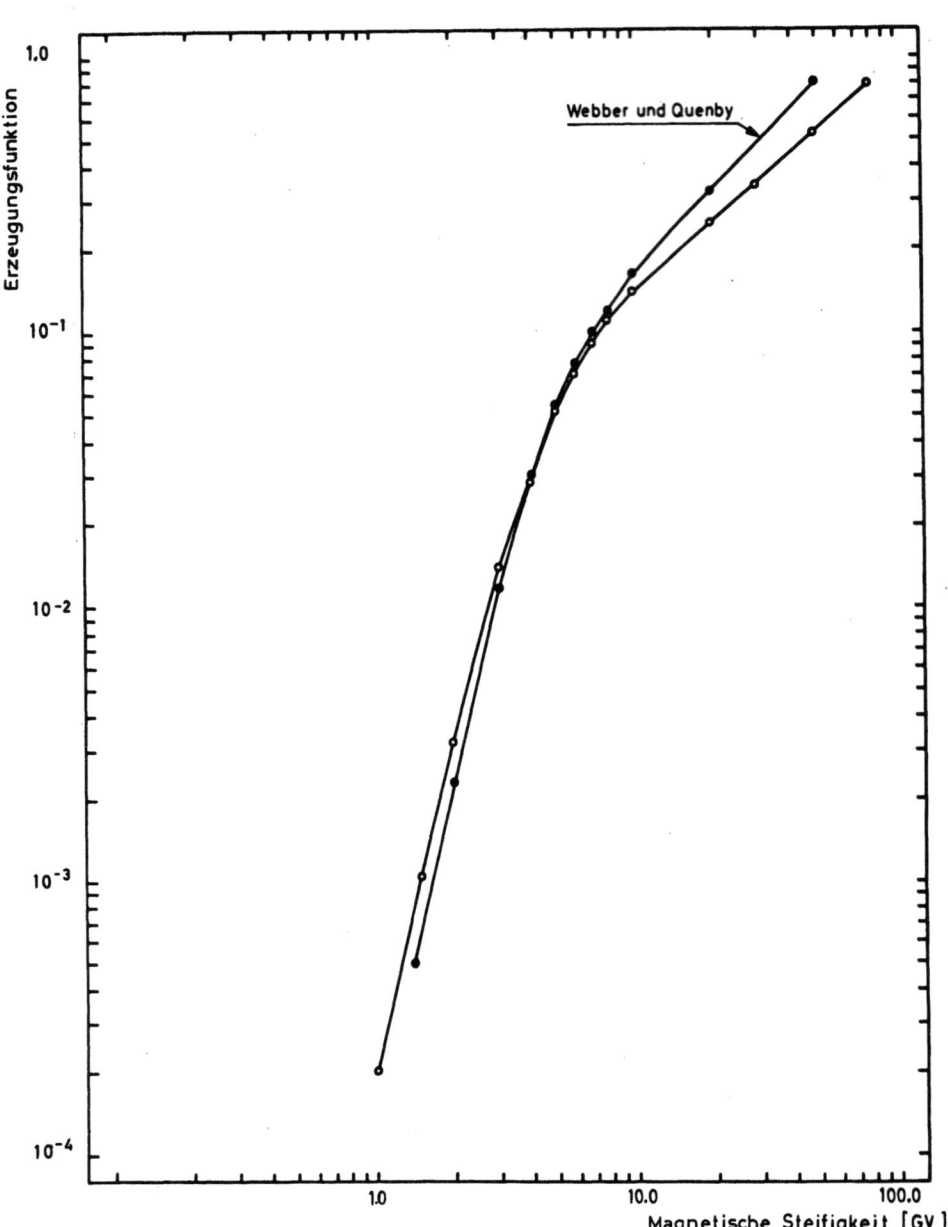

Abb. 37: Erzeugungsfunktionen für Neutronenmonitoren auf Meeresniveau

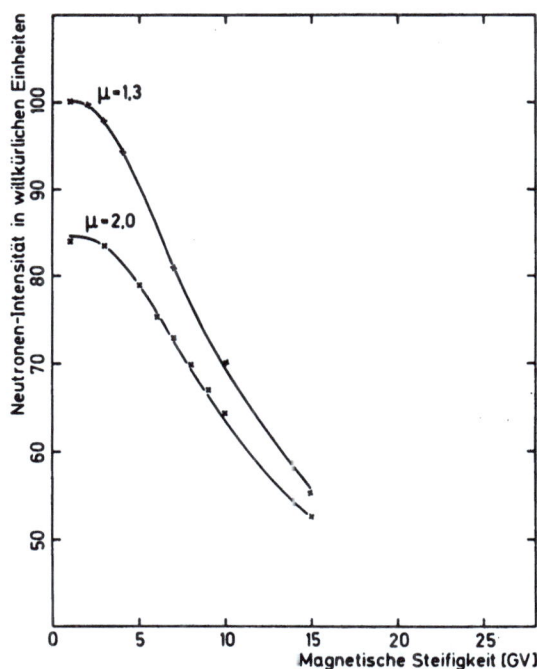

Abb. 38: Berechnete und gemessene sekundäre Neutronenintensitäten zur Zeit des Sonnenfleckenminimums und -maximums. Messungen nach MATHEWS und KODAWA [1964].

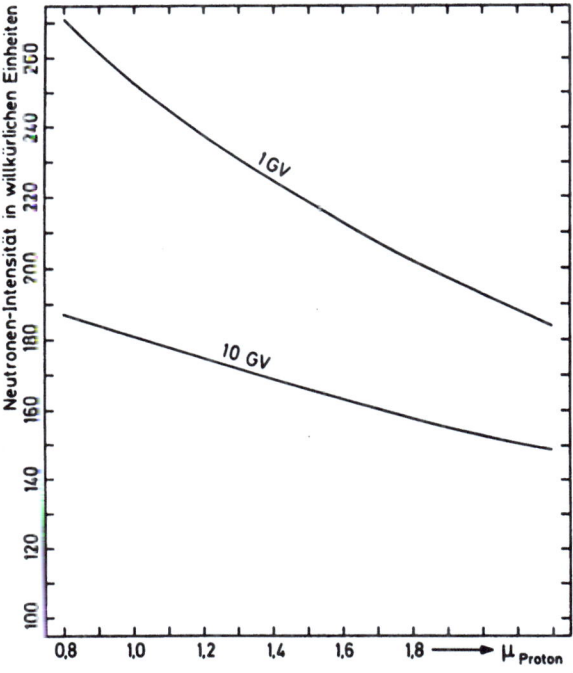

Abb. 39: Berechnete Abhängigkeit der sekundären Neutronenintensität vom Bremspotential.

- 48 -

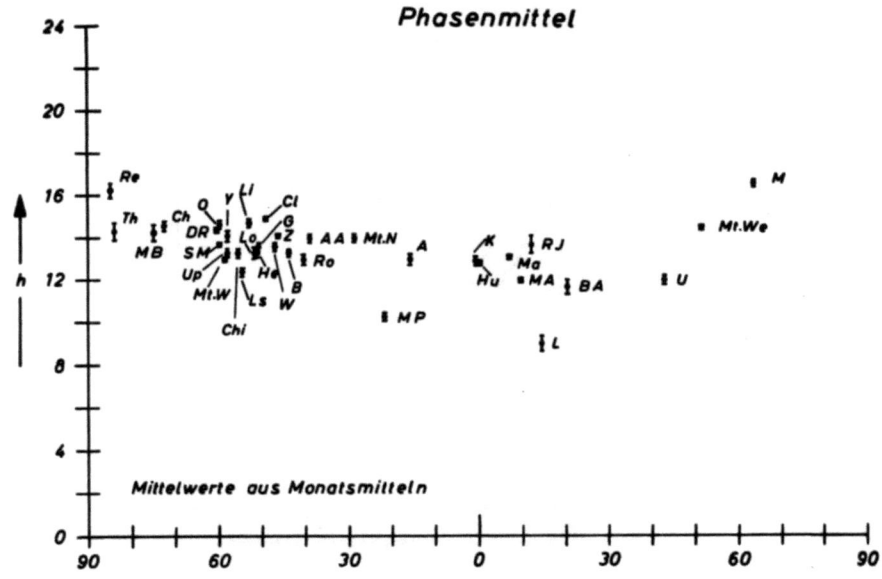

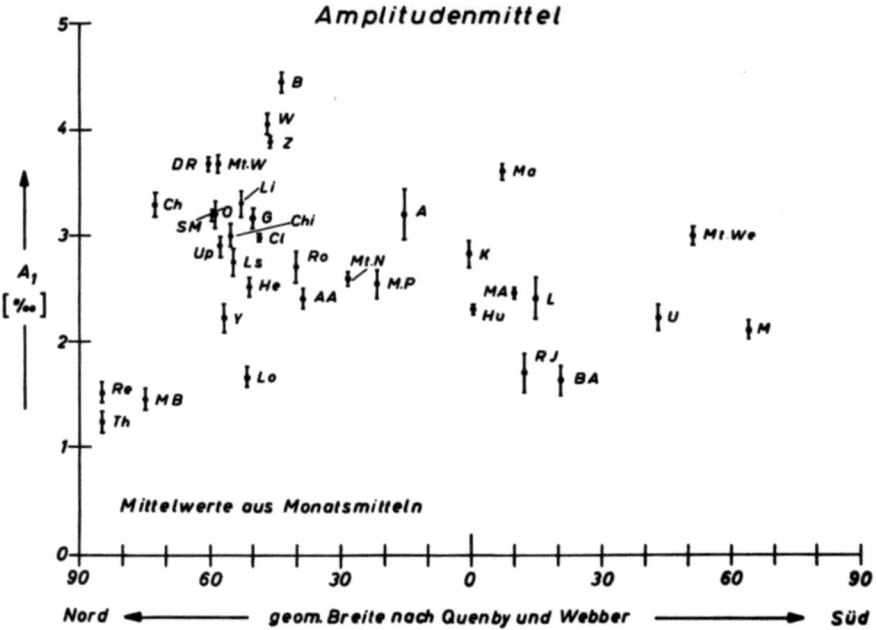

Abb. 40: Breitenabhängigkeit der Amplituden- und Phasenmittelwerte der Tagesgänge (nach KIRSCH [1964]).
Zeitepoche: Juli - Dezember 1957.

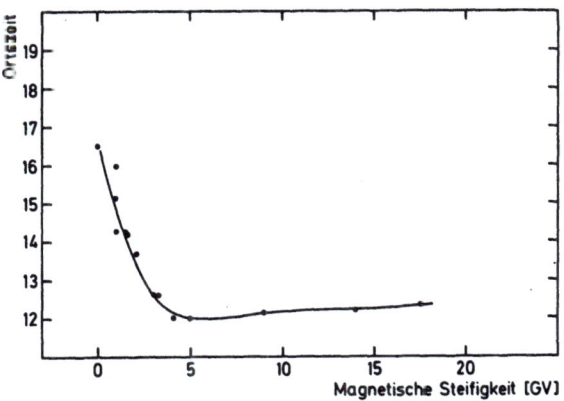

Abb. 41: Eintrittszeit des Maximums der Tagesgänge am 20.9.1957 nach Ortszeit [WALTHER 1963] in Abhängigkeit von der magnetischen Steifigkeit.

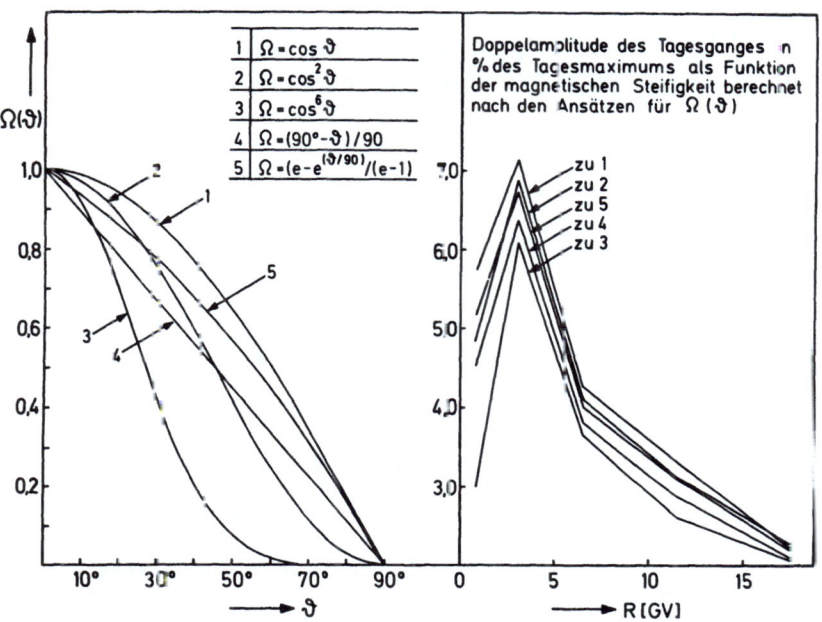

Abb. 42: Modellrechnungen zur Abnahme der Anisotropien als Funktion des Winkelabstandes ϑ der asymptotischen Einfallsrichtung von der Ekliptikebene.

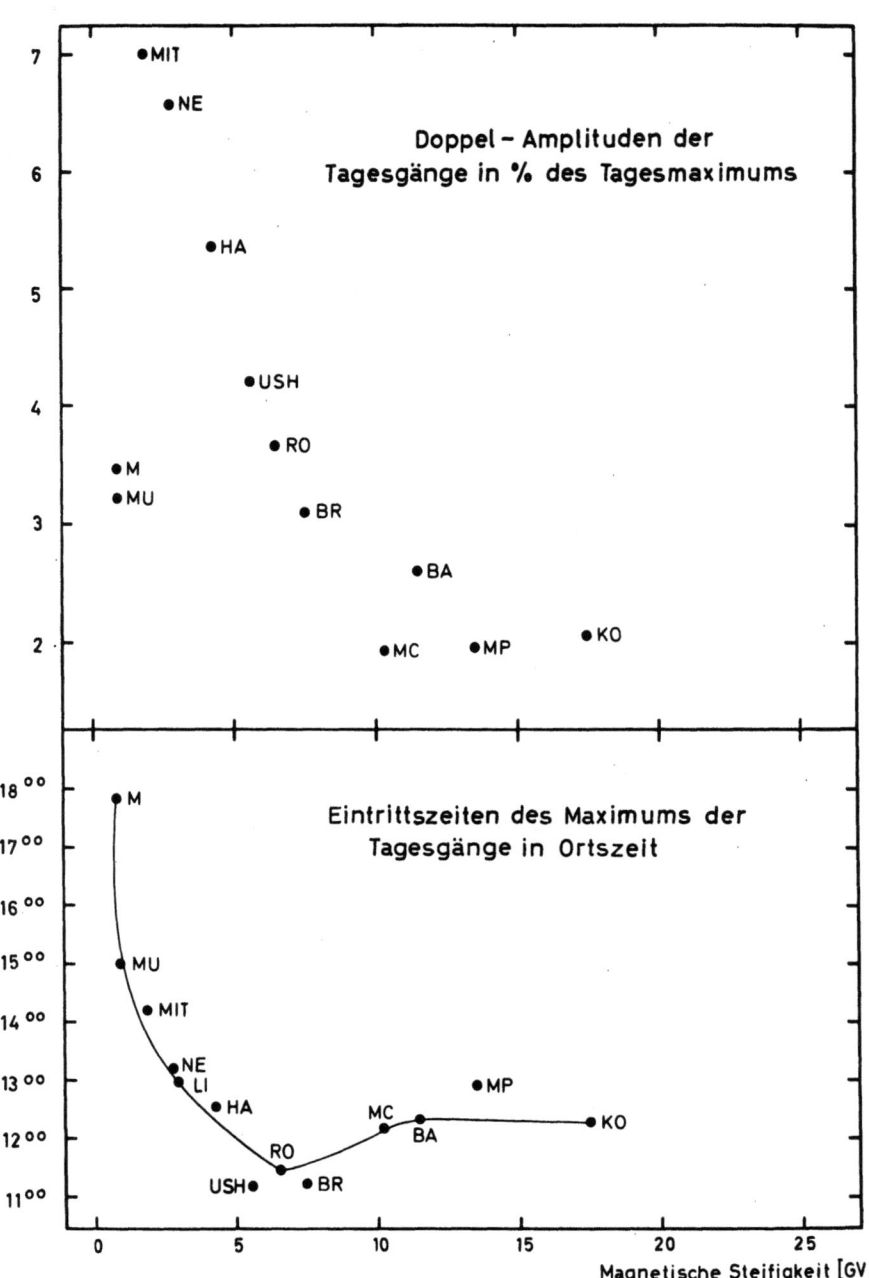

Abb. 43: Berechnete Amplituden- und Phasen-Werte der Tagesgänge in der sekundären Neutronenkomponente als Funktion der magnetischen Steifigkeit

**Verzeichnis der Mitteilungen aus dem Max-Planck-Institut
für Physik der Stratosphäre**

Nr. 1/1953   Über den Beitrag der von μ - Mesonen angestoßenen Elektronen zu den Ultrastrahlungsschauern unter Blei. G. Pfotzer

Nr. 2/1954   Ein Zählrohrkoinzidenzgerät zur Registrierung der kosmischen Ultrastrahlung. A. Ehmert

Eine einfache Methode zur Einstellung und Fixierung des Expansionsverhältnisses von Nebelkammern. G. Pfotzer

Nr. 3/1954   Optische Interferenzen an dünnen, bei -190°C kondensierten Eisschichten. Erich Regener (vergriffen)

Nr. 4/1955   Über die Messung der Temperatur des atmosphärischen Ozons mit Hilfe der Huggins-Banden. H. Zschörner und H. K. Paetzold

Nr. 5/1956   Ein neuer Ausbruch solarer Ultrastrahlung am 23. Februar 1956. A. Ehmert und G. Pfotzer, vergriffen (erschienen Z. Naturforschung 11a, 322, 1956)

Nr. 6/1956   Das Abklingen der solaren Ultrastrahlung beim Ausbruch am 23. Februar 1956 und die geomagnetischen Einfallsbedingungen. A. Ehmert und G. Pfotzer

Nr. 7/1956   Die Impulsverteilung der solaren Ultrastrahlung in der Abklingphase des Strahlungseinbruches am 23. Februar 1956. G. Pfotzer

Nr. 8/1956   Die atmosphärischen Störungen und ihre Anwendung zur Untersuchung der unteren Ionosphäre. K. Revellio

Nr. 9/1956   Solare Ultrastrahlung als Sonde für das Magnetfeld der Erde in großer Entfernung. G. Pfotzer

*

Die vorstehenden Hefte können beim Max-Planck-Institut für Aeronomie,
3411 Lindau angefordert werden.

Mitteilungen aus dem Max-Planck-Institut für Aeronomie

Nr. 1 (S) 1959 Waibel: Messungen von Primärteilchen der kosmischen Strahlung.

Nr. 2 (S) 1959 Erbe: Auswirkung der Variationen der primären kosmischen Strahlung auf die Mesonen- und Nukleonenkomponente am Erdboden.

Nr. 3 (I) 1960 Kohl: Bewegung der F-Schicht der Ionosphäre bei erdmagnetischen Bai-Störungen.

Nr. 4 (I) 1960 Becker: Tables of ordinary and extraordinary refractive indices, group refractive indices and $h'_{o,x}(f)$-curves or standard ionospheric layer models.

Nr. 5 (S) 1961 Schröpl: Über eine Neubestimmung des Absorptionskoeffizienten von Ozon im Ultraviolett bei kleinen Konzentrationen.

Nr. 6 (S) 1961 Erbe: Ergebnisse der Ballonaufstiege zur Messung der kosmischen Strahlung in Weissenau und Lindau.

Nr. 7 (S) 1962 Meyer: Elektromagnetische Induktion eines vertikalen magnetischen Dipols über einem leitenden homogenen Halbraum.

Nr. 8 (I u. S) 1962 Dieminger und Mitarb.: Die geophysikalischen Ereignisse des 12. - 14. November 1960.

Nr. 9 (S) 1962 Pfotzer, Ehmert, and Keppler: Time Pattern of Ionizing Radiation in Balloon Altitudes in High Latitudes. Part A, Text; Part B, Figures and Diagrams.

Nr. 10 (S) 1963 Waibel: Eine Ballonsonde zur Messung von Röntgenstrahlung und solarer Ultrastrahlung.

Nr. 11 (S) 1963 Voelker: Zur Breitenabhängigkeit erdmagnetischer Pulsationen.

Nr. 12 (S) 1963 Jaeschke: Registrierung von Pulsationen im südlichen Niedersachsen als Beitrag zur erdmagnetischen Tiefensondierung.

Nr. 13 (S) 1963 Meyer: Elektromagnetische Induktion in einem leitenden homogenen Zylinder durch äußere magnetische und elektrische Wechselfelder.

Nr. 14 (S) 1964 Kremser: Über den Zusammenhang zwischen Röntgenstrahlungs-Ausbrüchen in der Polarlichtzone und bayartigen erdmagnetischen Störungen.

Nr. 15 (S) 1964 Keppler: Messung von Röntgenstrahlung und solaren Protonen mit Ballongeräten in der Nordlichtzone.

Nr. 16 (S) 1964 Kirsch: Die Anisotropien der kosmischen Strahlung.

Nr. 17 (S) 1964 Guilino: Ausbau eines Wechsellichtmonochromators und seine Anwendung zur Messung des Luftleuchtens während der Dämmerung und in der Nacht.

Nr. 18 (S) 1965 Pfotzer and Ehmert: Measurements of High Energetic Auroral Radiations with Balloon-Borne Detectors in 1962 and 1963 Part A to C, Text; Part D, Figures and Diagrams.

Nr. 19 (I) 1965 Hartmann: Bestimmung wichtiger Satellitenpositionen mit Hilfe graphischer Darstellungen.

Nr. 20 (S) 1965 Keppler: Über die Eigenschaften von Zählrohren und Ionisationskammern in verschiedenartigen Strahlungsfeldern. - Zur Interpretation von Röntgenstrahlungsmessungen in Ballonhöhe in der Nordlichtzone.

Nr. 21 (S) 1965 Siebert: Zur Theorie erdmagnetischer Pulsationen mit breitenabhängigen Perioden.

Nr. 22 (S) 1965 Meyer: Zur 27 täglichen Wiederholungsneigung der erdmagnetischen Aktivität, erschlossen aus den täglichen Charakterzahlen C 8 von 1884-1964.

Nr. 23 (S) 1965 Frisius: Über die Bestimmung von Längstwellen - Ausbreitungsparametern aus Feldstärkemessungen am Erdboden.

Nr. 24 (I) 1965 Ma: Einfluß der erdmagnetischen Unruhe auf den brauchbaren Frequenzbereich im Kurzwellen-Weitverkehr am Rande der Nordlichtzone.

Nr. 25 (S) 1965 Kremser, Keppler, Bewersdorff, Saeger, Ehmert, Pfotzer, Riedler, Legrand: X - Ray Measurements in the Auroral Zone from July to October 1964.

Nr. 26 (I) 1966 Stubbe: Theoretische Beschreibung des Verhaltens der nächtlichen F - Schicht.

Nr. 27 (S) 1966 Wilhelm: Registrierung und Analyse erdmagnetischer Pulsationen der Polarlichtzone, sowie ein Vergleich mit Bremsstrahlungsmessungen.

Nr. 28 (S) 1967 Fabian: Über eine neue Ozonradiosonde und Untersuchung von Lufttransporten in der unteren Stratosphäre.

Nr. 29 (S) 1967 Specht: Über die Absorptions- und Emissionsstrahlung der atmosphärischen Ozonschicht bei der Wellenlänge 9,6 μ.

Nr. 30 (I) 1967 Rose und Widdel: Ein Meßgerät zur Bestimmung der Strömungsgeschwindigkeit in kurzen Rohren (Ionenzählern) bei niedrigem Gasdruck.

Nr. 31 (I) 1967 Hartmann: Die Amplitudenregistrierungen des Satelliten Explorer 22, unter besonderer Berücksichtigung der Effekte, die bei Elevationswinkeln kleiner als 45° auftreten.

Nr. 32 (I) 1967 Rüster: Lösung von Bewegungsgleichungen und Kontinuitätsgleichung der F - Schicht mit speziellen Anwendungen auf erdmagnetische Baistörungen.

If you have any concerns about our products,
you can contact us on
ProductSafety@springernature.com

In case Publisher is established outside the EU,
the EU authorized representative is:
**Springer Nature Customer Service Center GmbH
Europaplatz 3, 69115 Heidelberg, Germany**

Printed by Libri Plureos GmbH
in Hamburg, Germany